# HONDA
# CBR 1000 F
# ab Baujahr 1987

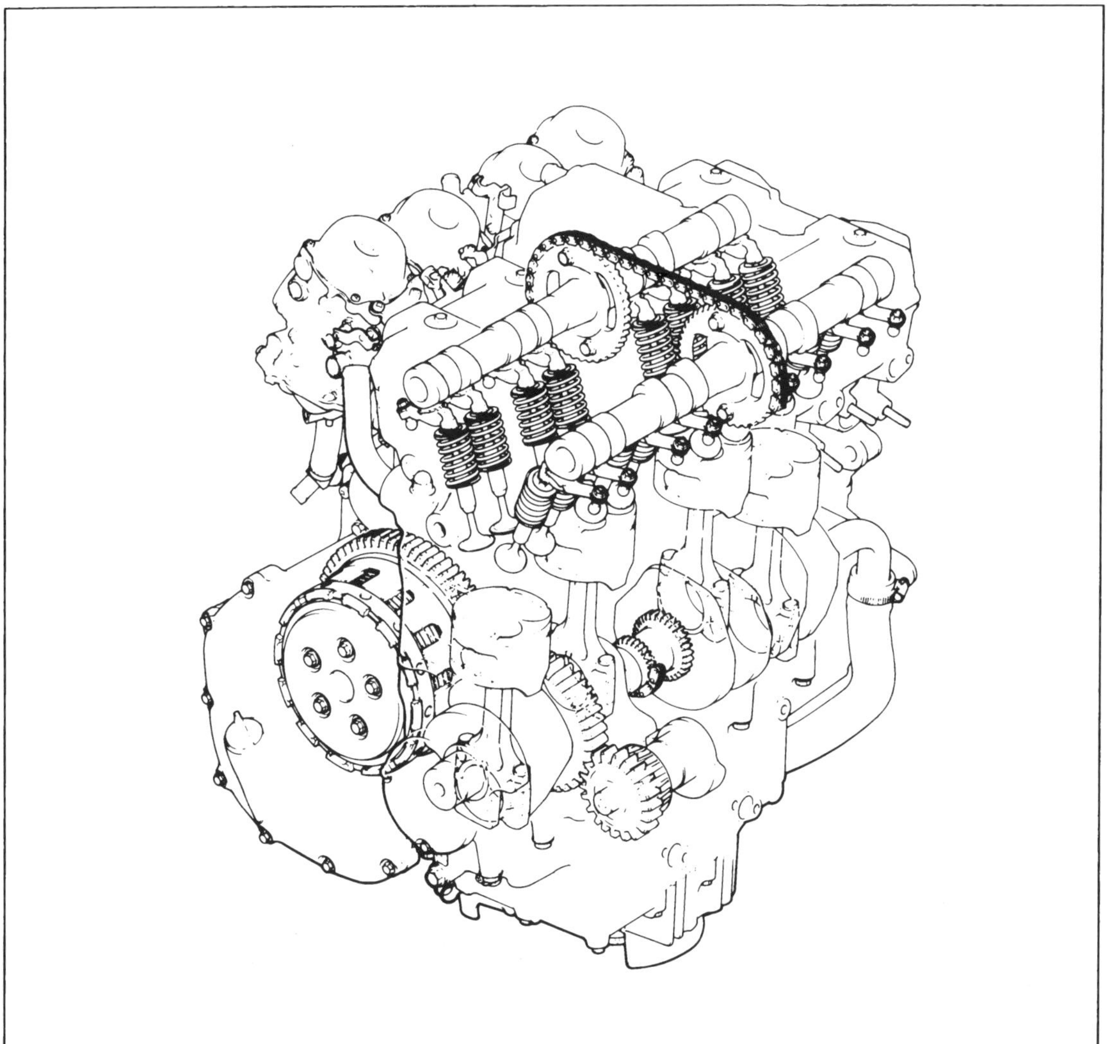

# Ein Wort zuvor

1987 bringt Honda die CBR 1000 F auf den Markt. Wenig glücklich hatte Honda zuvor versucht, mit dem als Zukunftsmotor propagierten V–4 in der Big-Bike-Klasse Fuss zu fassen, und braucht jetzt einen Ausputzer des angeschlagenen Images. Was lag also näher, als den Reihenvierzylinder in einer neuen Entwicklungsstufe zu neuen Ehren kommen zu lassen, und wer wollte Honda eine gewisse Erfahrung im Umgang mit Reihenvierzylindern absprechen?

Im Gegensatz zum Motor als Rückgriff auf Bewährtes in höchster Perfektion und zum Fahrwerk in solider Rechteck-Stahlrohrausführung, beschreitet Honda in der Gestaltung der Aussenhülle für einen Gross-Serienproduzenten Neuland: Die CBR ist komplett verschalt – nicht der Hauch eines Ventildeckelchens ist zu sehen –, wobei die Verkleidung dem Fahrer windkanalerprobten Hochgeschwindigkeits-Komfort bieten soll. Nach anfänglichen Leistungsproblemen wegen übereifriger Drosselung der 132 Auslands-PS auf absprachegemässes bundesdeutsches 100 PS-Limit, wird Hondas mutiges Stochern im Wespennest mit höchsten Zulassungszahlen der CBR auf

13770 DM wechseln 1987 den Besitzer für den Bär im Wolfsfell, der bei supersportlicher Fahrweise nicht gerade zimperlich mit Kette oder Reifen umgeht

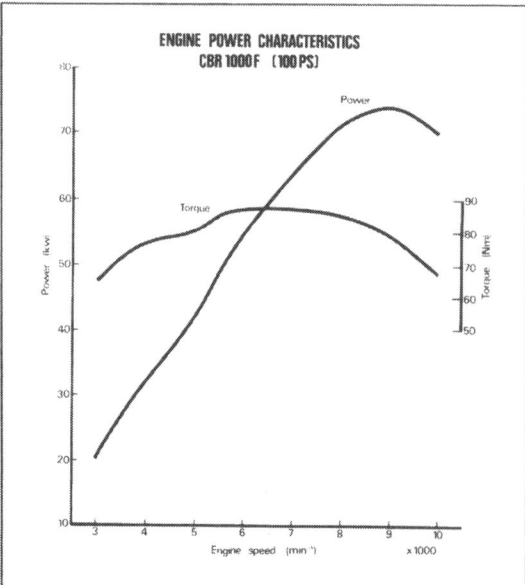

Die Hundert PS liegen bei 9000/min an, maximales Drehmoment von 87 Nm bei bei 6500/min. Der Fahrversuch bestätigt die füllige Drehmomentkurve.

dem prestigeträchtigen Markt der Big-Bikes belohnt, denn das Einsatzgebiet der CBR ist vielseitig: Neben dem klaglosen Abspulen des täglichen Wegs zur Arbeit macht sie auch beim Nürburgring-Ausflug mit den Clubkameraden eine gute Figur und ist zärtlich zum Popo der Sozia, auf dass man nicht als Single aus dem Spanien-Urlaub zurückkehrt.

1989 stellt Honda eine überarbeitete Ausführung der 1000er CBR vor, die durch eine aggressivere und trotzdem noch elegante Verkleidung auffällt. Ein zusätzlicher Lufteinlass unterhalb der Scheibe soll Luftwirbel an der Abreiss-Kante der Scheibe vermeiden.

Technische Änderungen betreffen die Hauptkritikpunkte des Vorgängermodells:

● Die Anti-Dive-Einrichtung, die trotz Nadellagerung nur mit Verzögerung anspricht, entfällt.
● Die luftunterstützte Gabel weicht einer «Patro-

Die 89er CBR wird ihrer Bestimmung zugeführt. Der nackte Intercity-Liner (Koffer gegen Aufpreis) kostet 15770 DM.

nen»-Ausführung mit getrennter Zug- und Druckstufe ohne Einstellmöglichkeit und gekürztem Federweg.
- Die Schwinge ist zur Montage gewaltiger 170er Schlappen verbreitert und auf das Vorderrad ist ein 120er in Radialbauweise wie hinten aufgezogen.
- Das Ansprechverhalten der Bremsanlage wird durch geändertes Hebelverhältnis (geänderte Durchmesser der Geber- und Nehmerzylinder) verbessert. Beibehalten wurde die Ziegelmauer-Wirkung.
- Die Gabel ist zur Erhöhung der Handlichkeit ein Grad steiler angestellt. Dadurch ist der Nachlauf auf 112 mm und der Radstand auf 1500 mm verkürzt.
- Die Schwerpunktlage wird durch Absenken der Sitzposition und des Tanks verbessert. Letzteres bedingt die Verlegung des mittig unter dem Tank sitzenden Thermostatgehäuses nach vorn rechts und geänderte Anbringung der Kühlschlauchstutzen am Zylinderkopf.
- Die Schräglagenfreiheit erhöht sich durch engere Führung der Auspuffkrümmer an der verkleinerten Ölwanne.

Ohne dass es kritisiert worden wäre, wandert der Tacho-Antrieb vom Vorderrad zum Getrieberitzel.
- Die Lichtmaschine mit erhöhter Leistung ist in den Ölkreislauf einbezogen.
- Die Kurbelwelle ist um 400 Gramm erleichtert.

Honda landet in Deutschland die 89er CBR in ihrer ersten Saison auf Platz eins der meistverkauften Einzeltypen.

Den vollverschalten Boliden vor Augen mag es den Schrauber grausen, selbst Hand anzulegen bei Wartungs- oder Reparaturarbeiten. Doch die Verkleidung ist so durchdacht in Einzelteile gegliedert, dass dazu kein Anlass besteht, zumal der Wartungsaufwand gering und die Reparaturanfälligkeit gleich Null ist.

## Symbolbedeutung

⚠ – Wenn besondere Vorsicht angezeigt ist

TIP – Wenn ein Fingerzeig gegeben wird

👁 – Wenn Inaugenscheinnahme erforderlich ist

📏 – Wenn genaues Messen erforderlich ist

# 1 Werkzeug

Das mit der Maschine gelieferte Bordwerkzeug können wir für umfangreichere Wartungsarbeiten oder gar Motorüberholungen vergessen. Also muss passendes Qualitätswerkzeug selbst besorgt werden, mit dem der Freizeit-Mechaniker seine Maschine mit Spass bei der Arbeit in Schuss halten kann. Hier eine Aufstellung von Werkzeugen, über die der engagierte Hobby-Mechaniker verfügen sollte:

1. Gabelschlüssel
   (kompletter Satz ab 6/7 bis 30/32)
2. Ringschlüssel
   (abgekröpft, kompletter Satz ab 6/7)
3. Steckschlüssel
   (kompletter Satz ab 8/9 bis 20/22)
4. Innensechskantschlüssel
   (kompletter Satz 2–8 mm, abgewinkelt)
5. Schraubendreher für Schlitzschrauben
   (ein kompletter Satz)
6. Schraubendreher für Kreuzschlitzschrauben
   (ein kompletter Satz)
7. Schlosserhämmer
   (200 g, 500 g, 1000 g)
8. Meissel
   (ein Satz = Meissel, Durchtreiber, Körner)
9. Stroboskoplampe
   (Zündungskontrolle)
   und Unterdruckmessgerät (4 Uhren)
10. Feilen und Ölstein
    (je ein Satz)
11. Flachschaber
    (verschiedene Klingenbreiten,
    im Durchschnitt 23 mm)
12. Dreikant-Schaber
13. Zangen
    (Kombi-, Wasserpumpen-, kleine Flachspitz-,
    Rundspitz- Seegerring-, innen und aussen,
    Grip-Zange)
14. isolierter Seitenschneider
15. Schlagschraubendreher
    (mit kompletten Schraubendreh-Einsätzen,
    Schlitz-, Kreuzschlitz- und Innensechskant-Einsätze)
16. Knarre
    (komplett mit allen Einsätzen s. o. 15)
17. Drehmomentschlüssel
    (5–60 Nm / 60–300 Nm, dazu alle nötigen
    Werkzeuge und Nüsse)
18. Gewindeschneid-Ausrüstung
    (komplett mit Lehre und Schneider)
19. Helicoil-Ausrüstung
20. Elektrische Bohrmaschine
    (komplett mit Ausrüstung, inklusive Ständer)
21. Schraubstock
22. Werkbank

Das *könnte* genügen, aber der sichere Mann treibt die Freude noch weiter und gönnt sich noch andere gute Sachen.

23. Verschiedene Abzieher, von denen der
    wichtigste ein einfacher zweiarmiger ist
24. Lötlampe mit verschiedener Ausrüstung
25. Elektrische Heizplatte
    (ca. 25 cm Durchmesser)
26. Schiebelehre (Messschieber) und Messuhr
    (letztere komplett mit Halter)
27. Schraubzwingen zum Festhalten von Teilen
28. Ventilfeder-Spanner
29. Kolbenring-Spannzange
30. Lötkolben
    (verschiedene Grössen – 30, 80, 150 Watt)
31. Für die Elektrik: Prüflampe, Ohm-Meter,
    Volt-Meter, Säureprüfer

Dermassen ausgerüstet, bereitet es auch keine Schwierigkeiten, sich aus den Beständen des nächstgelegenen Schrotthändlers Abzieher, Abdrücker oder Spezialdorne und -halter zu konstruieren. Nützlich ist in dem Fall auch noch ein Schleifbock.
Eine Motorradhebebühne stellt ebenfalls eine nicht zu unterschätzende Arbeitserleichterung dar.
Auf die Reifenmontage wird hier nicht eingegangen, da der Reifenhändler erstens die schönen Alu-Gussräder ihrer CBR schonender behandelt, als dies bei einem Reifenwechsel in Eigenregie vonstatten geht, und er zweitens auch für die richtige Auswuchtung (dynamisch) zuständig ist.

# 2 Störungssuche

Hondas CBR 1000 F darf als ausgereiftes Motorrad gelten, denn der Motor hat seine Bewährungsprobe nicht nur in Dauertests der Fachpresse, sondern auch in Kundenhand bestanden. Störungen sind also nicht zu erwarten, kommen aber natürlich dennoch gelegentlich vor. Die folgende Liste soll helfen, Fehler zu lokalisieren.

## 2.1 Schmiersystem

### 2.1.1 Ölstand zu niedrig, hoher Ölverbrauch

- Öl läuft aus, Dichtungen lassen durch
- Kolbenringe verschlissen
- Ventilführungen oder Schaftdichtringe abgenutzt

### 2.1.2 Öl verschmutzt

- Öl oder Ölfilter nicht rechtzeitig gewechselt
- Zylinderkopfdichtung schadhaft
- Kolbenringe verschlissen

### 2.1.3 Öldruck zu niedrig

- Ölstand zu niedrig
- Überdruckventil geöffnet oder festgeklemmt
- Ölansaugsieb zugesetzt
- Ölpumpe verschlissen
- Öl läuft aus

### 2.1.4 Öldruck zu hoch

- Überdruckventil geschlossen oder festgeklemmt
- Ölfilter, Öltunnel verstopft
- Falsche Ölviskosität

### 2.1.5 Kein Öldruck

- Ölstand zu niedrig
- Ölpumpen-Antriebskettenrad oder Kette gebrochen
- Ölpumpe defekt
- Internes Ölleck

## 2.2 Kraftstoffsystem

### 2.2.1 Motor wird durchgedreht, springt aber nicht an

- Kein Kraftstoff im Tank
- Kraftstoff gelangt nicht zum Vergaser (Benzinfilter zugesetzt oder Benzinpumpe defekt)
- Motor mit Kraftstoff überflutet («abgesoffen»)
- Kein Funke an den Zündkerzen
- Luftfilter verstopft
- Ansaugen von Nebenluft
- Falsche Choke-Betätigung
- Falsche Gasdrehgriff-Betätigung

### 2.2.2 Motor springt schlecht an oder geht sofort wieder aus

- Falsche Choke-Betätigung
- Versagen der Zündanlage
- Vergaser defekt
- Kraftstoff verschmutzt
- Ansaugen von Nebenluft
- Leerlaufdrehzahl falsch eingestellt
- Siehe 2.2.1

### 2.2.3 Unruhiger Leerlauf

- Zündsystem defekt
- Leerlaufdrehzahl falsch eingestellt
- Vergaser nicht synchronisiert
- Vergaser defekt
- Kraftstoff verschmutzt

### 2.2.4 Zündaussetzer beim Beschleunigen

- Zündsystem defekt

### 2.2.5 Fehlzündungen

- Zündsystem defekt
- Vergaser defekt
- Luftabsperrventil defekt

### 2.2.6 Schlechte Leistung und hoher Verbrauch

- Kraftstoffsystem verstopft
- Zündsystem defekt
- Luftfilter verschmutzt

### 2.2.7 Zu mageres Gemisch

- Kraftstoffdüsen verstopft
- Schwimmernadelventil defekt
- Schwimmerstand zu tief
- Tankdeckel-Belüftungsloch verstopft
- Kraftstoffschlauch eingeklemmt
- Entlüftungsschlauch verstopft
- Ansaugen von Nebenluft
- Benzinfilter zugesetzt/Benzinpumpe defekt

### 2.2.8 Zu fettes Gemisch

- Luftdüsen verstopft
- Schwimmernadelventil defekt
- Schwimmerstand zu hoch
- Choke bei warmem Motor betätigt
- Luftfilter verschmutzt

## 2.3 Zylinderkopf, Ventile, Zylinder

### 2.3.1 Zu niedrige oder ungleichmässige Kompression

- Ventile falsch eingestellt
- Ventile verbrannt oder verbogen
- Falsche Ventilsteuerzeiten (Montagefehler)
- Ventilfeder gebrochen
- Zylinderkopfdichtung bläst durch
- Zylinderkopf verzogen oder gerissen
- Zylinder oder Kolbenringe verschlissen

### 2.3.2 Zu hohe Kompression

- Übermässige Ölkohlebildung im Brennraum

### 2.3.3 Starke Geräuschentwicklung

- Ventile falsch eingestellt
- Klemmendes Ventil oder gebrochene Ventilfeder
- Nockenwelle oder Kipphebel beschädigt oder verschlissen
- Steuerkette zu locker oder verschlissen
- Steuerkettenspanner verschlissen oder beschädigt
- Zähne der Nockenwellenräder verschlissen
- Kolben oder Zylinder verschlissen (starkes Kolbenkippen)

### 2.3.4 Starke Rauchentwicklung

- Zylinder oder Kolben verschlissen
- Kolbenringe falsch montiert
- Kolben oder Zylinderwand mit Riefen oder Schrammen

### 2.3.5 Überhitzen

- Übermässige Ölkohlebildung im Brennraum
- Zu magere Vergasereinstellung
- Kühlsystem defekt

## 2.4 Kupplung, Schaltgestänge, Getriebe

### 2.4.1 Kupplung rutscht beim Beschleunigen

- Kein Spiel in der Betätigung (zuviel Flüssigkeit im Ausgleichsbehälter)
- Federn erlahmt oder zu schwach
- Kupplungsbeläge verschlissen

### 2.4.2 Kupplung rückt nicht aus

- Zuviel Spiel in der Betätigung
- Scheiben verzogen
- Druckmechanismus defekt/Luft im Hydrauliksystem

### 2.4.3 Übermässig starker Hebeldruck

- Druckmechanismus beschädigt

### 2.4.4 Rauhe Kupplungsbetätigung

- Riefen im Kupplungskorb

### 2.4.5 Getriebe schwer schaltbar

- Falsche Kupplungseinstellung, zuviel Spiel in der Betätigung
- Schaltgabeln verbogen
- Schaltwelle verbogen
- Schaltklauen verbogen
- Nockenrillen der Schaltwalze beschädigt

### 2.4.6 Gänge springen heraus

- Schaltklauen verschlissen oder verbogen
- Schaltwelle verbogen
- Schaltwalzenarretierung defekt

## 2.5 Kurbelgehäuse, Kurbelwelle

### 2.5.1 Übermässig starkes Geräusch

- Lagerzapfen der Kurbelwelle oder Lager verschlissen (Rumpeln)
- Pleuellager verschlissen (Klopfen)

## 2.6 Vorderbau

### 2.6.1 Lenkung schwergängig

- Lenksäulenmutter zu fest angezogen
- Lenkkopflager beschädigt oder defekt
- Reifenluftdruck zu niedrig

### 2.6.2 Motorrad zieht nach einer Seite

- Falscher Ölstand in den Gabelbeinen
- Standrohr verbogen
- Vorderachse verbogen
- Rad falsch eingebaut

### 2.6.3 Vorderrad flattert

- Rad beschädigt
- Radlager ausgeschlagen
- Reifen falsch montiert
- Reifen defekt oder unwuchtig
- Achsmutter nicht genügend angezogen

### 2.6.4 Federung zu weich

- Gabelfedern ermüdet
- Zu wenig Gabelöl
- Falsche Gabelöl-Viskosität

### 2.6.5 Federung zu hart

- Zu viel Gabelöl
- Falsche Gabelöl-Viskosität

### 2.6.6 Geräusche beim Einfedern

- Gleitrohr oder Führungsbuchsen sind abgenutzt
- Zu wenig Gabelöl
- Vorderradgabel-Befestigungsteile lose
- Zu wenig Fett im Tachometerantrieb

## 2.7 Vorderradbremse

### 2.7.1 Schlechte Bremsleistung

- Luft im Hydrauliksystem
- Abgenutzte Bremsklötze
- Bremsklötze verschmutzt oder verglast
- Hydrauliksystem undicht

## 2.8 Hinterrad, Bremse, Aufhängung

### 2.8.1 Trommeln oder seitliches Flattern des Rades

- Rad verzogen
- Radlager lose
- Reifen falsch montiert
- Reifen defekt oder unwuchtig
- Achse nicht festgezogen

### 2.8.2 Federung zu weich

- Feder ermüdet
- Stossdämpfer falsch eingestellt oder defekt

### 2.8.3 Geräusche beim Einfedern

- Stossdämpferstange klemmt
- Befestigungsteile lose
- Hebelgelenke verschlissen

### 2.8.4 Schlechte Bremsleistung

- Bremse falsch eingestellt
- Bremsklötze verunreinigt oder verschlissen
- Bremsscheibe verschlissen/verzogen

## 2.9 Batterie, Batterieaufladung

### 2.9.1 Kein Strom bei eingeschalteter Zündung

- Batterie leer
- Zu niedriger Säurestand
- Zu geringe spezifische Dichte
- Störung im Ladekreis
- Batteriekabel abgetrennt
- Hauptsicherung durchgebrannt
- Zündschalter defekt

### 2.9.2 Schwacher Strom bei eingeschalteter Zündung

- Batterie nicht aufgeladen
- Zu niedriger Säurestand
- Zu geringe spezifische Dichte
- Störung im Ladesystem
- Batterieanschluss lose

### 2.9.3 Schwacher Strom bei laufendem Motor

- Batterie nicht ausreichend geladen
- Zu niedriger Säurestand
- Eine oder mehrere tote Zellen
- Störung im Ladekreis

### 2.9.4 Zeitweilig aussetzender Strom

- Lose Kabelanschlüsse (Wackelkontakte)
- Kurzschluss in der Anlage

### 2.9.5 Störung im Ladekreis

- Kabel oder Anschluss lose, gerissen oder kurzgeschlossen
- Spannungsregler oder Gleichrichter defekt
- Lichtmaschine defekt

## 2.10 Zündsystem

### 2.10.1 Motor wird durchgedreht und springt nicht an

- Kurzschlussschalter auf Off
- Kein Funke an den Zündkerzen
- CDI-Einheit defekt
- Lichtmaschine defekt
- Kabel zwischen Zündkerzen und Lichtmaschine oder CDI-Einheit und Zündspule ungenügend angeschlossen, gerissen oder kurzgeschlossen

### 2.10.2 Kein Funke an den Zündkerzen

- Kurzschlussschalter auf Off
- Kabel schlecht angeschlossen, gerissen oder kurzgeschlossen zwischen Lichtmaschine und Zündspule, CDI-Einheit und Kurzschlussschalter, CDI-Einheit und Zündspule, CDI-Einheit und Zündschloss oder zwischen Zündspule und Zündkerze
- Zündschloss defekt; Zündspule defekt
- CDI-Einheit defekt
- Lichtmaschine defekt

### 2.10.3 Motor springt an, läuft aber stotternd oder dreht nicht hoch

- Defekt im Primärzündstromkreis
- Zündspule defekt
- Loses oder blankes Kabel
- Wackelkontakt oder loses Kabel in einem Schalter
- Defekt im Sekundärzündstromkreis
- Zündkerze defekt
- Hochspannungskabel defekt
- Falscher Zündzeitpunkt
- Lichtmaschine defekt
- CDI-Einheit defekt

## 2.11 Anlasser

### 2.11.1 Anlassermotor dreht sich nicht

- Batterie entladen
- Zündschalter defekt
- Startknopf defekt
- Leerlaufschalter defekt
- Anlasser-Relaisschalter defekt
- Kabel lose oder abgetrennt
- Leerlaufdiode unterbrochen

### 2.11.2 Anlassmotor dreht den Motor nur langsam durch

- Zu schwache Batterie
- Hoher Widerstand im Schaltkreis
- Anlassmotor klemmt

### 2.11.3 Anlassmotor läuft, ohne den Motor durchzudrehen

- Anlasserkupplung defekt
- Zahnräder des Anlassmotors defekt
- Zwischenzahnrad defekt

## 2.12 Kühlsystem

### 2.12.1 Motortemperatur zu hoch

- Temperaturanzeiger oder Messfühler defekt
- Thermostat geschlossen festgeklemmt
- Zu wenig Kühlmittel oder Kühlmittelstand zu niedrig
- Durchlässe in Kühler, Schläuchen oder Wassermantel blockiert
- Lüftermotor läuft nicht
- Nebensicherung durchgebrannt oder locker
- Lüftermotor defekt
- Thermoschalter defekt
- Schlechter Kontakt oder Unterbrechung im Kabelraum
- Wasserpumpe defekt

### 2.12.2 Motortemperatur zu niedrig

- Temperaturanzeiger oder Messfühler defekt
- Thermostat geöffnet festgeklemmt

### 2.12.3 Kühlmittelverlust

- Mechanische Dichtung der Wasserpumpe defekt
- O-Ringe porös

# 3 Wartung

- ⚠ — Wenn besondere Vorsicht angezeigt ist
- TIP — Wenn ein Fingerzeig gegeben wird
- 👁 — Wenn Inaugenscheinnahme erforderlich ist
- 📏 — Wenn genaues Messen erforderlich ist

Wer lange Freude am zuverlässigen Funktionieren seiner Maschine haben will, kommt um regelmässige Wartungsarbeiten nicht herum. Zwar ist die CBR 1000 F nicht gerade einfach im Grundaufbau, so minimieren doch durchdachte Details den Werkzeug- und Zeitaufwand des Pflegepersonals erheblich.

Die Wartungsintervalle (siehe Punkt 3.2) müssen bei normaler Fahrweise nicht sklavisch eingehalten werden. Während einer Urlaubsfahrt kann die fällige Inspektion auch einmal um 500 Kilometer hinausgeschoben werden.

Anders sieht es bei häufigem Kurzstreckenverkehr, bei dauernden Regenfahrten oder beim Betrieb in staubigen Gegenden aus. Eine Fahrerin oder ein Fahrer mit Durchblick werden erkennen, ob sie ihre Maschine erschwerten Bedingungen aussetzen und die höher beanspruchten Baugruppen deshalb vorzeitig überprüfen.

Auch bei den Wartungsarbeiten gilt: Ohne gutes Werkzeug in den benötigten Grössen fängt man mit dem Schrauben gar nicht erst an. Arbeiten an der Bremshydraulik sollten allerdings aus Sicherheitsgründen nur bei entsprechenden Vorkenntnissen selbst durchgeführt werden, ansonsten ist das Motorrad in einer Fachwerkstatt besser aufgehoben.

Die folgende Skizze soll helfen, möglichst ökonomisch die zu wartenden Baueinheiten zu erreichen.

## 3.1 Schmier- und Wartungsintervalle

Die Überprüfung vor der Fahrt im Fahrer-Handbuch bei jeder fälligen Wartung durchführen.
I: Überprüfen und reinigen, einstellen, schmieren oder auswechseln, dann nach Bedarf.
C: Reinigen   R: Auswechseln   A: Einstellen   L: Schmieren

| Gegenstand | Häufigkeit | Welches zuerst → eintritt ↓ | | Kilometerstand – Hinweis (1) | | | | | | siehe Seite |
|---|---|---|---|---|---|---|---|---|---|---|
| | | | × 1000 km | 1 | 6 | 12 | 18 | 24 | 30 | 36 | |
| | | jeweils | Monate | | 6 | 12 | 18 | 24 | 30 | 36 | |
| Kraftstoffleitungen | | | | | | I | | I | | I | 13 |
| Gasbetätigung | | | | | | I | | I | | I | 14 |
| Vergaser-Choke | | | | | | I | | I | | I | 14 |
| Luftfilter | | Hinweis (2) | | | | | | R | | R | 15 |
| Kurbelgehäuse-Entlüftung | | Hinweis (3) | | | C | C | C | C | C | C | 15 |
| Zündkerzen | | | | | I | R | I | R | I | R | 16 |
| Ventilspiel | | | | I | | I | | I | | I | 17 |
| Motoröl | | | | R | | R | | R | | R | 18 |
| Motorölfilter | | | | R | | R | | R | | R | 18 |
| Vergaser-Synchronisation | | | | | | I | | I | | I | 19 |
| Vergaser-Leerlaufdrehzahl | | | | I | I | I | I | I | I | 19 |
| Kühlmittel | | Hinweis (4) | | | | I | | I | | | 20 |
| Kühlsystem | | | | | | I | | I | | | 20 |
| Antriebskette | | | | | | I: jeweils 1000 km | | | | | 21 |
| Batterie | | | | | I | I | I | I | I | I | 21 |
| Bremsflüssigkeit | | Hinweis (5) | | | I | I | I | I | I | I | 22 |

| Gegenstand | Häufigkeit | Welches zuerst → eintritt ↓ jeweils | × 1000 km Monate | Kilometerstand – Hinweis (1) | | | | | | siehe Seite |
|---|---|---|---|---|---|---|---|---|---|---|
| | | | | 1 / 6 | 6 / 12 | 12 / 18 | 18 / 24 | 24 / 30 | 30 / 36 | |
| Bremsklotzverschleiss | | | | | I | I | I | I | I | 23 |
| Bremssystem | | | | I | | I | | I | I | 22 |
| Bremslichtschalter | | | | | | I | | I | I | 23 |
| Scheinwerfereinstellung | | | | | | I | | I | I | 24 |
| Kupplungssystem | | | | | | I | | I | I | 24 |
| Kupplungsflüssigkeit | | Hinweis (5) | | I | I | I | I | I | I | 24/22 |
| Seitenständer | | | | | | I | | I | I | 25 |
| Aufhängung | | | | | | I | | I | I | 25 |
| Muttern, Schrauben, Befestigungsteile | | | | I | | I | | I | I | 26 |
| Räder/Reifen | | | | | | I | | I | I | 26 |
| Lenkkopflager | | | | I | | I | | I | I | 25 |

Hinweise: (1) Bei höherem Kilometerstand zum hier angegebenen Häufigkeitsintervall wiederholen.
(2) Bei Einsatz in staubigen Gebieten häufiger warten.
(3) Nach Fahren im Regen oder mit Vollgas häufiger warten.
(4) Alle 36 000 km oder zwei Jahre, je nachdem, was zuerst eintrifft, auswechseln.
(5) Alle 18 000 km oder zwei Jahre, je nachdem, was zuerst eintrifft, auswechseln.

## 3.2 Wartungsstellen-Zugang

Ab Bj. 89 ist Bauch- und Seitenverkleidung einteilig. Zur Fahrlichteinstellung Luftführung unter Verkleidungsnase entfernen. Siehe auch Seite 24.
**Innenverkleidung**
1 Scheinwerfereinstellung
2 Nebensicherung wechseln
**Tank**
3 Ventilspielkontrolle
4 Kompressionstest
5 Chokehebelkontrolle
6 Kühlsystemkontrolle
7 Gasgriffdrehspiel einstellen
8 Kühlerdrucktest
9 Zündkerzenwechsel
10 Vergasersynchronisierung
**Sitz**
11 Batterie-Flüssigkeitsprüfung
12 Kühlmittelüberprüfung
**Seitenverkleidung**
13 Luftfilterreinigung
14 Kraftstoffleitungs-Kontrolle
15 Kühlmittel auffüllen
**Seitendeckel**
16 Ventilspielkontrolle
17 Kühlsystemkontrolle
**Bauchverkleidung**
18 Öldrucktest
19 Ölfilterwechsel
20 Ölsiebreinigung

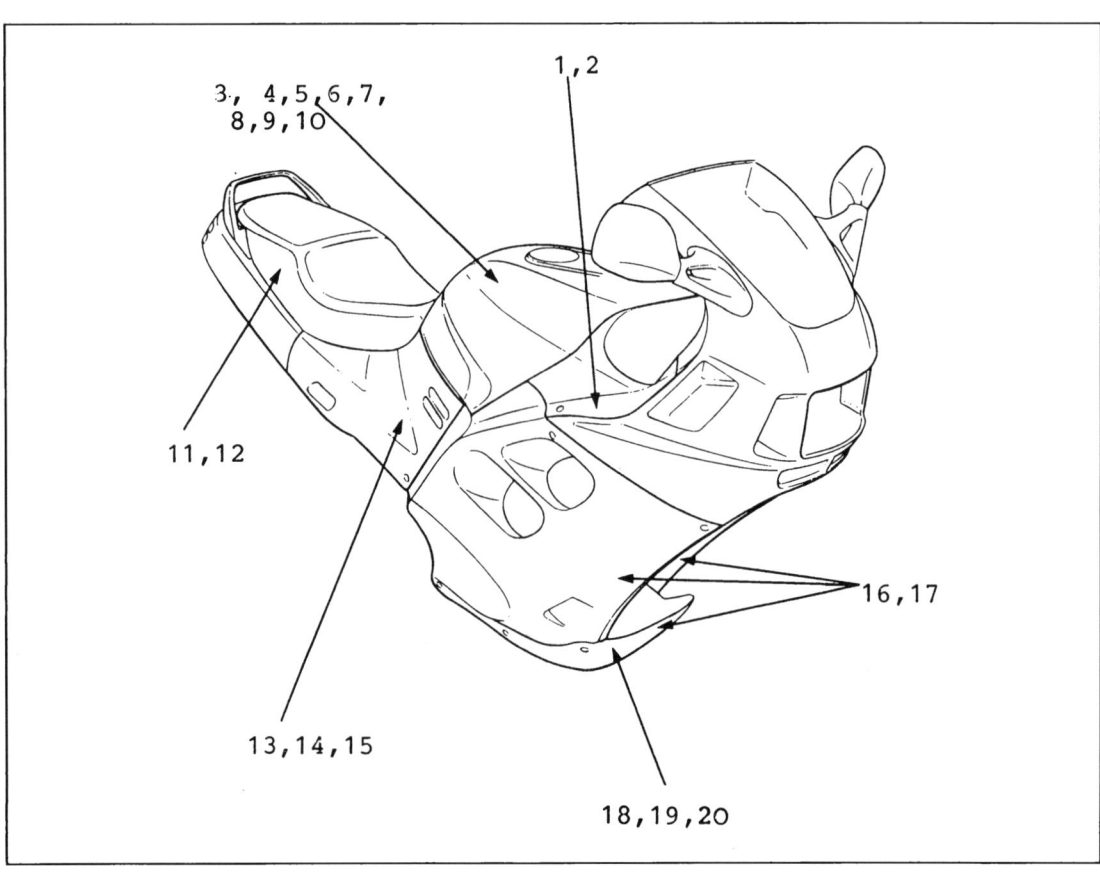

## 3.3 Kraftstoffsystem

### 3.3.1 Leitungen

Kraftstoffschläuche haben die unangenehme Eigenschaft, im Laufe der Zeit zu verhärten und dann einzureissen. Die Schläuche lassen sich jedoch nach Entfernen der Seitenverkleidung auf Beschädigung oder Undichtheit kontrollieren, siehe Bild 1.

● TIP Im Zweifelsfall einen angefressenen Schlauch lieber auswechseln, denn das Gummiröhrchen platzt garantiert während der nächsten Nachtfahrt auf der Autobahn.

### 3.3.2 Kraftstoffsieb und -filter

Wenn der Bolide plötzlich unsauber am Gas hängt oder bei höheren Drehzahlen aussetzt, kann das am zugesetzten Kraftstoffsieb liegen. Im Tankinneren abgeplatzte Lackpartikelchen oder Verunreinigungen im Sprit sammeln sich in dem feinen Geflecht.

● Kraftstoffhahn auf OFF zudrehen.
● Benzinfilter ist zum Wechseln nach Lösen der linken Seitenverkleidung zugänglich, siehe Bild 2.
● Klemmschelle samt Schlauch lösen, Sprit vollständig ablassen und Innenabdeckung lösen, siehe Bild 3.
Die unterschiedlichen Tankausführungen gehen aus Bildern 4 und 5 hervor.
● Tank hochklappen und mittels Stange arretieren, siehe Bild 6.

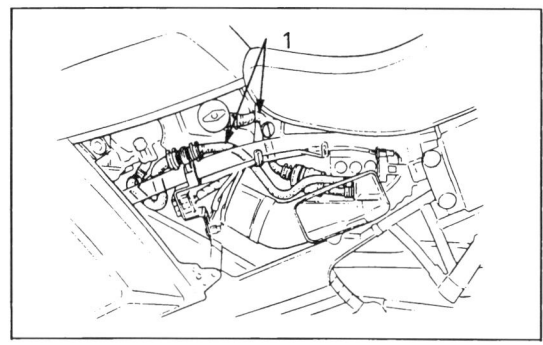

**Bild 1**
Kraftstoffschläuche prüfen
1 Kraftstoffschläuche

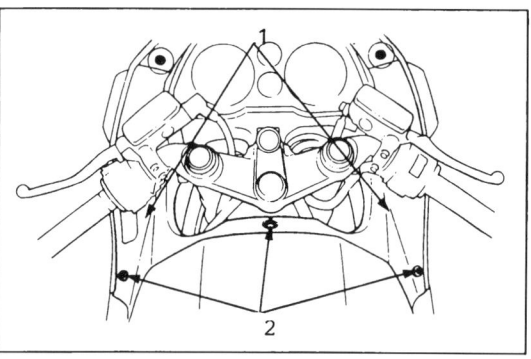

**Bild 2**
Pfeil auf Filter
muss zur Pumpe weisen
1 Filter
2 Pfeil

**Bild 3**
Untere Innenabdeckung
1 Abdeckung
2 Schrauben

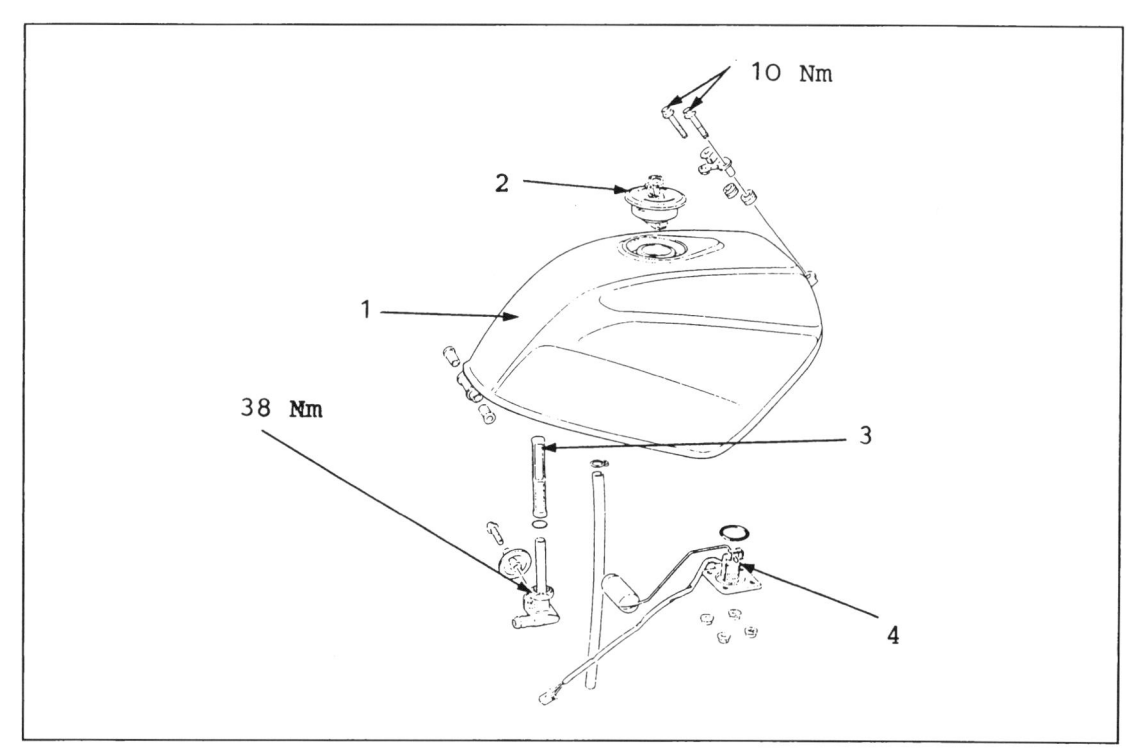

**Bild 4**
Tank/frühe Ausführung
1 Tank
2 Tankdeckel
3 Kraftstoffsieb
4 Kraftstoffstand-Sensor

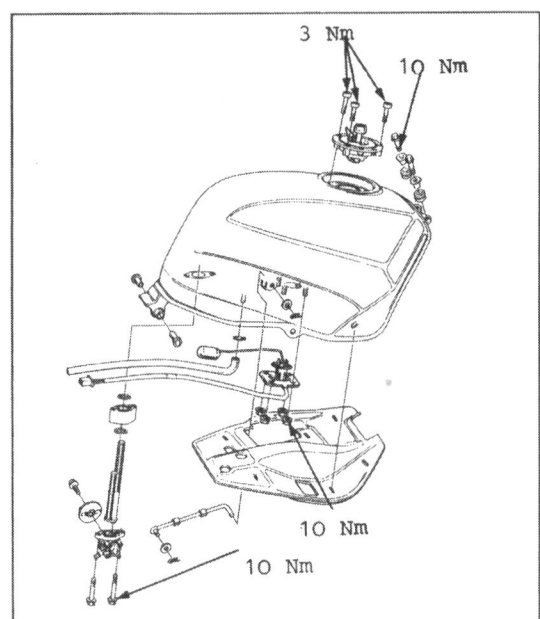

**Bild 5**
Tank/neuere Ausführung

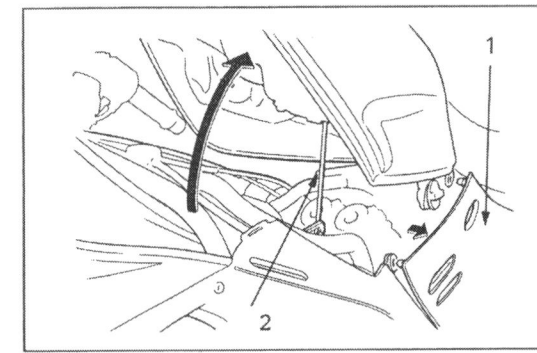

**Bild 6**
Motorhaube aufklappen
1 Seitendeckel
2 Stange

**Bild 7**
Oberer Einsteller

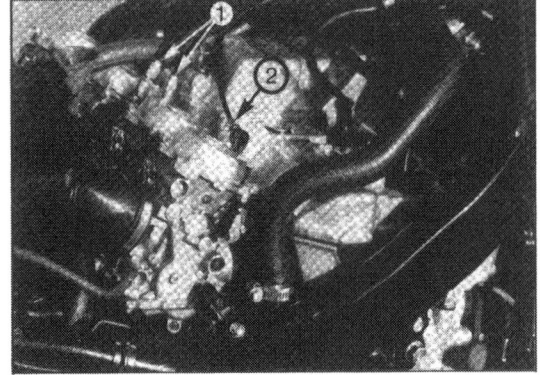

**Bild 8**
Motorhaube aufgeklappt
1 Gaszugwiderlager
2 Chokezugwiderlager

- Filtersieb demontieren und in sauberem Lösungsmittel auswaschen und wieder installieren.
- Kraftstoffhahn auf ON drehen und sichergehen, dass kein Kraftstoff ausläuft.

## 3.4 Drosselklappen- und Choke-Betätigung

Dem Gasdrehgriff kommt beim Motorrad die wichtige Rolle des Mittlers zwischen Fahrer und Motor zu. Unregelmässigkeiten bei der Feindosierung von Motordrehzahl können fatale Folgen haben.

- ⚠ Deshalb muss sich der Gasdrehgriff bei allen Lenkerstellungen leicht öffnen lassen, selbsttätig in seine Ausgangsposition zurückkehren (trotz extra «Schliesser»-Gaszugs!) und ein Betätigungsspiel von 2–6 mm am Gasgriffumfang aufweisen, wozu der obere Einsteller am Gasdrehgriff, siehe Bild 7, benutzt wird.
- Gegenmutter lösen und mit Einstellmutter Spielwert einstellen (Einsteller eindrehen: Spiel vergrössern/Einsteller ausdrehen: Spiel verkleinern).

Sind jedoch auch nach Abschmieren Züge nicht leichtgängig, Gaszüge auf Beschädigung untersuchen und eventuell austauschen.

- Dazu am Vergaser die Konterung der Widerlagerung lösen und Nippel am Vergaser aushängen, siehe Bild 8.
- Am Gasdrehgriff zwei Kreuzschlitzschrauben lösen, beide Gehäusehälften abnehmen, Nippel aus Aufnahmen nehmen und herausziehen.
- ⚠ Den Massstab, ob der Gaszug verschlissen oder beschädigt ist, streng anlegen. Sparsamkeit ist hier am falschen Platz.
- Neuen Zug geölt und ohne Knick- und Scheuerstellen einfädeln, Drehgriffgehäuse leicht eingefettet wieder verschliessen.
- Kleinere Einstellungen am oberen Einsteller (am Gasgriff) vornehmen.

Zum Einstellen des Spiels Gegenmutter lösen und Einsteller drehen. Anschliessend wieder kontern.

- Grössere Einstellungen am unteren Einsteller (am Vergaser) vornehmen.

Zum Einstellen des Spiels Gegenmutter lösen und Einsteller drehen. Anschliessend wieder kontern.

- Chokehebel auf Leichtgängigkeit prüfen.
- Bei Schwergängigkeit Chokezug schmieren, gegebenenfalls auswechseln.
- Chokehebel am Lenker bis zum Anschlag auf volle Öffnung zurückziehen und auf Leichtgängigkeit prüfen.

Es darf kein Spiel fühlbar sein.

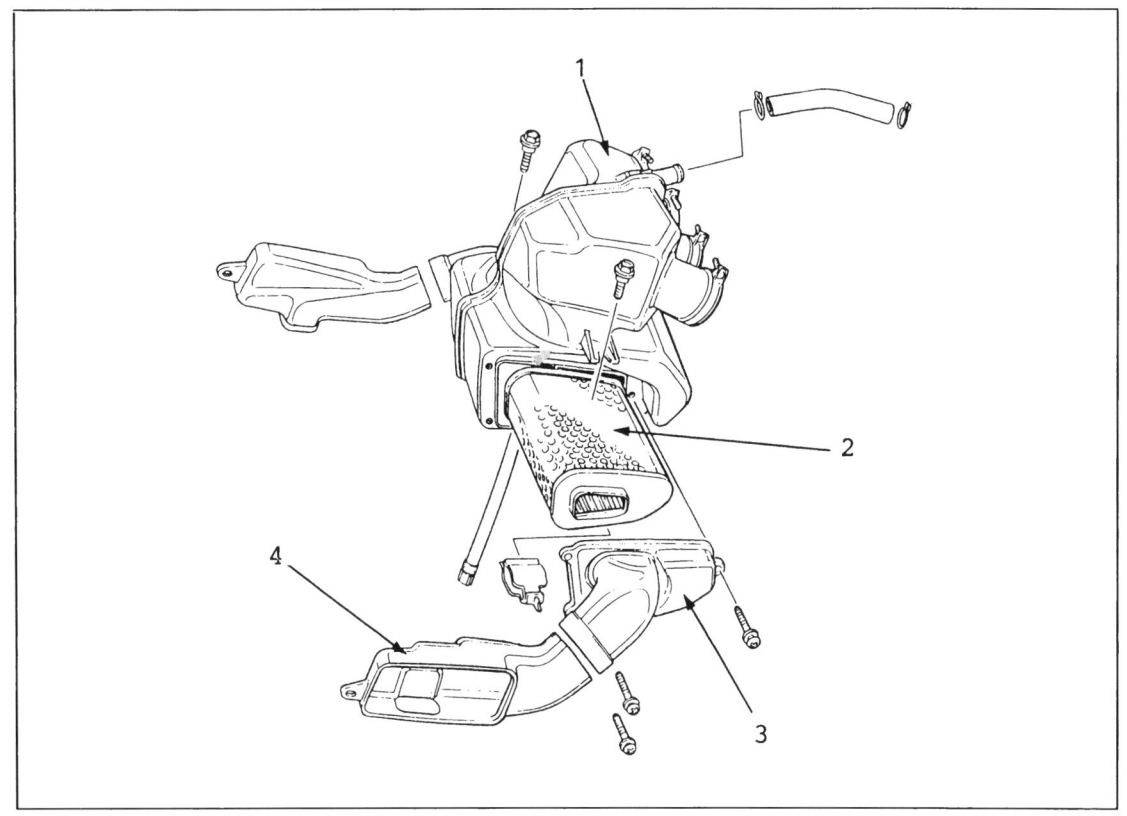

**Bild 9**
Luftfilterkasten komplett
1 Luftfiltergehäuse
2 Filtereinsatz
3 Einsatzabdeckung
4 Einlasskanal

## 3.5 Luftfilter

Die Erneuerung des Luftfiltereinsatzes, siehe Bild 9, steht laut Wartungsplan alle 18000 Kilometer oder 18 Monate an.
- Linke Seitenabdeckung entfernen.
- Drei Kreuzschlitzschrauben des Luftfilterdeckels entfernen, siehe Bild 10.
- Halter und Filterelement entnehmen, siehe Bild 11.
- Neues Filterelement in umgekehrter Reihenfolge montieren.

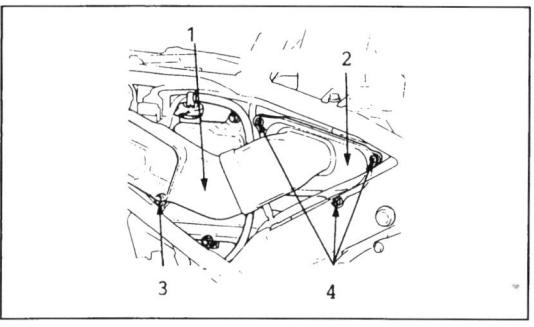

**Bild 10**
Abdeckung entfernen
1 Einlasskanal
2 Einsatzabdeckung
3 Bolzen
4 Schrauben

## 3.6 Kurbelgehäuse-Entlüftung

- TIP Der Wartungsplan sieht vor, den Entlüftungsschlauch alle 6000 Kilometer zu entleeren. Diese Arbeit ist öfter durchzuführen, wenn häufig bei Regen oder mit Vollgas gefahren wird.
- Stopfen entfernen und Ablagerungen austropfen lassen, siehe Bild 12. Anschliessend Stopfen wieder montieren.
- ⚠ Nur Umweltverschmutzer lassen das Ölkondensat einfach auf den Boden tropfen. Geeignetes Gefäss bereitstellen.
- Anschliessend Stopfen wieder einsetzen und mit Federschelle sichern.

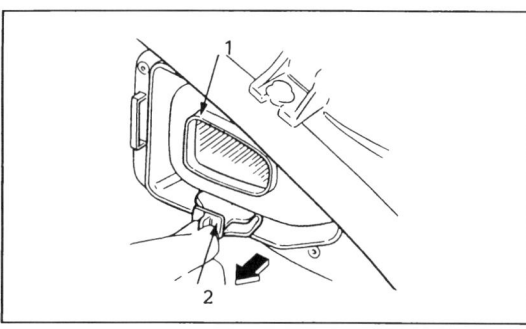

**Bild 11**
1 Einsatz
2 Halter

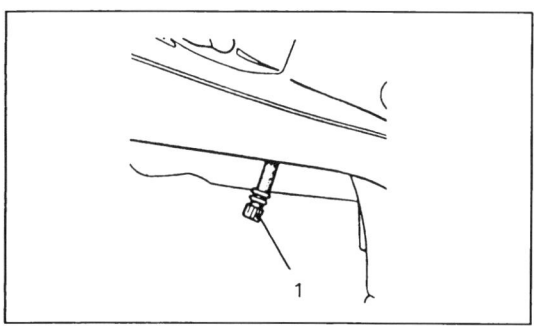

**Bild 12**
Kurbelgehäuse-Entlüftung
1 Ablass-Schraube

## 3.7 Zündkerzen

Wer an die vier Funkenspender der CBR gelangen möchte, sei es zur Inspektion nach 6000 Kilometern oder zur Erneuerung nach 12000 Kilometern, dem offenbart sich ein Nachteil manch moderner Motorradkonstruktion: Es darf geschraubt werden, und zwar wie in 3.4 beschrieben: Demontage der «Motorhaube» (Bild 6).
● Kunststoff-Kerzenstecker abziehen und Zündkerze mit Zündkerzensteckschlüssel herausdrehen, siehe Bild 14.
●⚠ Kerzenbild soll rehbraunen Farbton haben, bei weissem bis aschgrauem Bild ist Vergasereinstellung zu mager, Motor läuft zu heiss. Bei dunkelbraunem bis schwarzem Kerzenbild ist Kraftstoffluftgemisch zu fett (was auch von zugesetztem Luftfilter herrühren kann).
Eine schwarz verrusste, feuchtglänzende Kerze deutet auf verschlissene Ventilführungen oder abgenutzte Kolbenringe, durch die Öl in den Verbrennungsraum gelangt.
● Mit Messingdrahtbürste die Kerze reinigen und Isolator auf Risse oder Absplitterungen untersuchen. Dichtring muss einwandfreie Planflächen aufweisen, bei Beschädigungen Kerze erneuern.
● Elektrodenabstand mit Fühlerlehre messen, Sollwert: 0,8–0,9 mm. Gegebenenfalls Mittel-Elektrode nachfeilen, dann Abstand einstellen, siehe Bild 13.
●⚠ Empfohlene Standard-Zündkerzen: NGK DPR9EA-9 oder ND X27EPR-U9.
●⚠ Zündkerze gefühlvoll von Hand einschrauben, unbedingt darauf achten, dass schon der erste Gewindegang richtig greift. Schräg angesetzte Kerzen ruinieren mit ihrem harten Stahlgewinde das weiche Gewinde im Aluminium-Zylinderkopf schon nach einer halben Umdrehung.
● Erst bei richtigem Sitz Kerze mit Kerzensteckschlüssel anziehen und Kerzenstecker wieder aufsetzen.

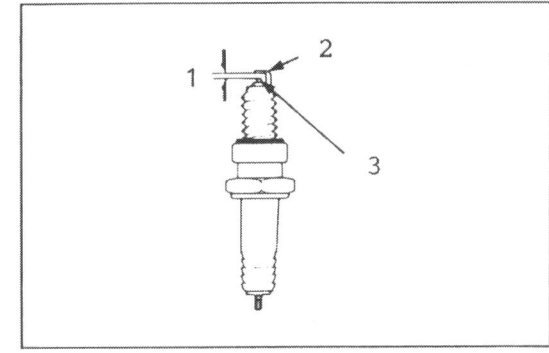

**Bild 13**
Zündkerze
1 Elektrodenabstand (0,8–0,9 mm)
2 Masse-Elektrode
3 Mittel-Elektrode

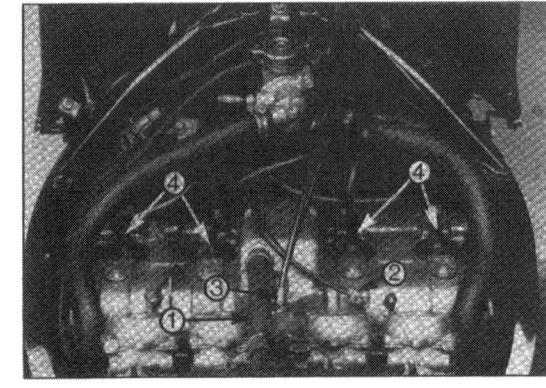

**Bild 14**
1 Entlüftungsschlauch
2 Chokezug
3 Gaszüge
4 Zündkerzenstecker

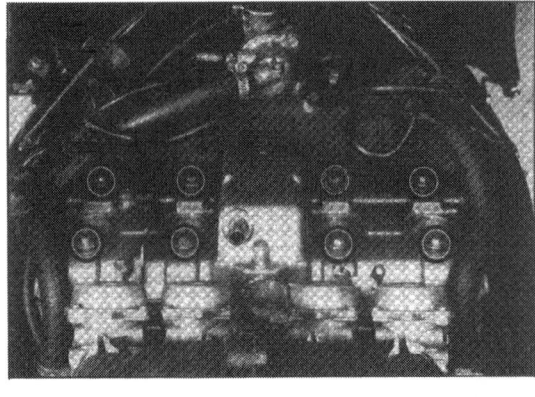

**Bild 15**
Acht Schrauben SW 10 ausdrehen

**Bild 16**
Schaulochdeckel ausdrehen

## 3.8 Kompression

● 🛠 Kompression bei normaler Betriebstemperatur messen.
● Zündkerze herausschrauben und Kompressionsmessgerät anschliessen.
● Gasgriff voll öffnen, Motorstopschalter auf OFF und Motor mit Starter durchdrehen, bis die Anzeige des Kompressionsmessers nicht mehr weiter steigt. Das geschieht normalerweise nach 10 Sekunden. Der Kompressionsdruck soll 12,5 ± 2,5 kg/cm$^2$ betragen.
Zu geringer Druck deutet auf undichte Ventile, zu enges Ventilspiel, undichte Zylinderkopfdichtung, verschlissene Kolben, Kolbenringe oder Zylinder. Zu hohe Kompression wird meist von Ölkohleablagerungen im Brennraum verursacht.
● TIP Um die Fehlerquelle einzukreisen:
● Öl durch Kerzenloch des betreffenden Zylinders gleichmässig auf Zylinderwand spritzen.

● Kompri-Test wiederholen.
Erhöhte Werte lassen auf verschlissene Kolben/ Ringe schliessen. Gleichbleibender Wert auf verschlissenen Zylinderkopf (Ventil, -sitz und -führungen). Werkstatterfahrung lässt es wahrscheinlicher erscheinen, dass letzterer Fall zuerst eintritt. Und zwar in der Regel (wenn man dafür überhaupt eine Regel aufstellen kann) nach einer Laufleistung von weit über 50 000 km, wobei dann natürlich nicht schlagartig der Dienst eingestellt wird, sondern lediglich die von Honda benannten Verschleissgrenzen für Ventilsitzbreite und Ventilführungsspiel erreicht sind.

**Bild 17**
Strich muss mit «T»-Marke fluchten

## 3.9 Ventilspiel

Ein gewisses Spiel zwischen Schlepphebeln und Ventilen ist nötig, damit die Ventile den Brennraum bei allen Betriebstemperaturen dicht abschliessen. Beim CBR 1000-Motor wird das Ventilspiel mittels Einstellschrauben an den Schlepphebeln korrigiert.

● ⚠ Ventilspiel wird bei kaltem Motor (unter 35°C) kontrolliert und eingestellt!
Folgende Teile entfernen:
● Benzintank, siehe Bilder 3 und 6.
● Seitenverkleidung (nur ältere Ausführung)
● Bauchverkleidung, siehe Seite 94.
● Sämtliche in Bild 14 gezeigten Züge, Schläuche und Kabel entfernen.
● Acht Schrauben SW 10 in Bild 15 ausdrehen und Zylinderkopfdeckel abnehmen. Auf Verbleib der Spezialdichtscheiben achten!
● Linken Schaulochdeckel der Kurbelwelle (Sechskant SW 17) ausdrehen, siehe Bilder 16 und 17, und Kerbe zum Fluchten mit Gehäusemarkierung durch Drehen der Kurbelwelle im Gegenuhrzeigersinn bringen.
● TIP Kolben (hier Nr.1) steht nur jede zweite Umdrehung im Arbeits-OT! Kolben steht im Arbeits- oder Verbrennungs-OT, wenn an allen Schlepphebeln (Ein- und Auslass) des betreffenden Zylinders Spiel spürbar ist.
● Mit Fühlerlehrenblatt zwischen Schlepphebel und Ventilschaft auf strammen Schiebesitz prüfen, siehe Bilder 18 bis 20. Ventilspiel: Einlass 0,1 mm ± 0,01 mm, Auslass 0,16 mm ± 0,02mm.
● ⚠ In dieser Kurbelwellenstellung an Zylinder 1 (Ein- und Auslass) Zylinder 2 (Auslass) und Zylinder 3 (Einlass) Ventilspiel kontrollieren.
● Kurbelwelle um 360° im Gegenuhrzeigersinn drehen und Kerbe zum Fluchten mit Gehäusemarkierung bringen. In dieser Kurbelwellenstellung wird das Ventilspiel an Zylinder 2 (Einlass), Zylinder 3 (Auslass) und Zylinder 4 (Ein- und Auslass) kontrolliert.

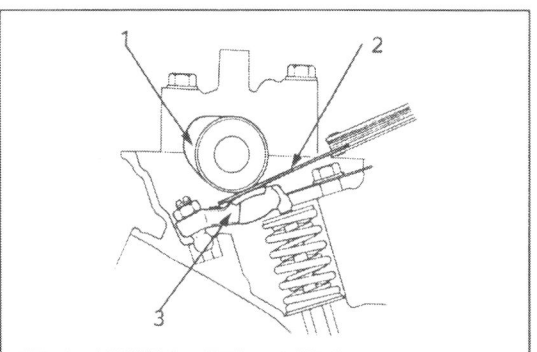

**Bild 18**
Ventilspielkontrolle
1 Nocke
2 Fühlerlehre
3 Schlepphebel

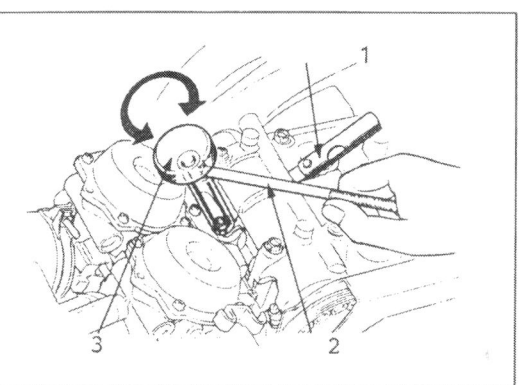

**Bild 19**
Honda-Spezialwerkzeug:
1 Fühlerlehre
2 Gegenmutterschlüssel
3 Einstellschlüssel

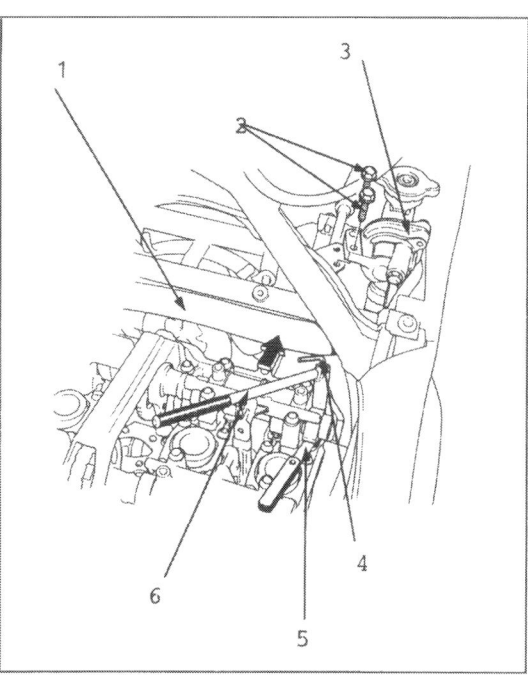

**Bild 20**
Ventilspielkontrolle/neuere Ausführung
1 Wasserschlauch
2 Schrauben
3 Thermostatgehäuse
4 Innensechskantschlüssel SW 3
5 Fühlerlehre
6 Gegenmutterschlüssel

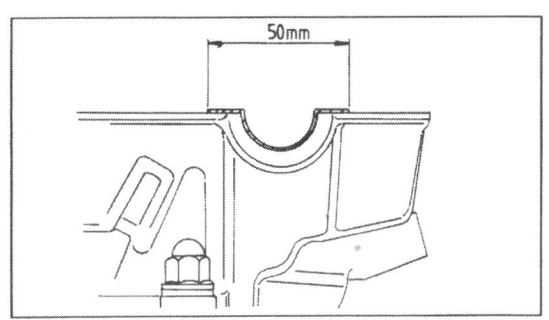

**Bild 21**
Dichtmittel auftragen

**Bild 22**
Prinzipdarstellung bei ausgebautem Motor

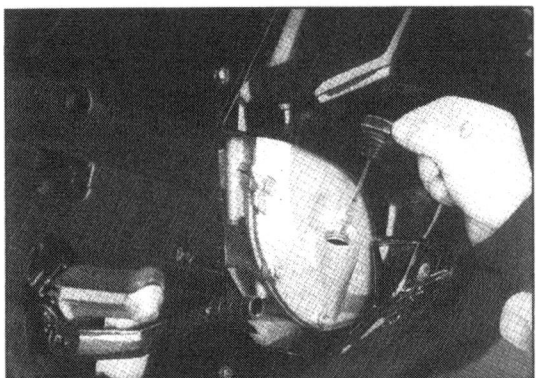

**Bild 23**
Mess-Stab nur ansetzen, nicht eindrehen

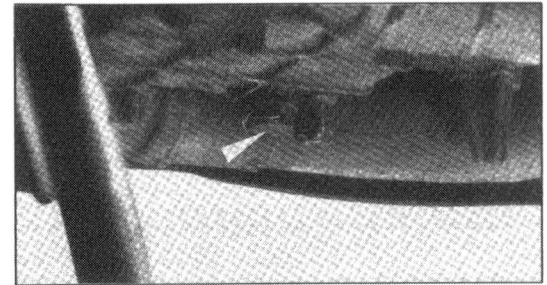

**Bild 24**
Ölablass SW 17

● Falls Ventilspiel nicht korrekt, d. h. kein fester Schiebesitz spürbar, Gegenmutter SW 10 lösen und Einstellschraube nachsetzen. Falls Ventilspiel zu eng, Einstellschraube entsprechend lockern und wieder anziehen. Einstellschraube festhalten und Gegenmutter anziehen, Anzugsmoment 23 Nm.

● ⚠ Das oben genannte Spielchen kann sich durchaus mehrmals wiederholen, bis der richtige Spielwert eingestellt ist, da die Konterung auch Einfluss auf die Einstellschraube hat.

In den Bildern 18 und 19 ist die Ventilspieleinstellung mit Honda-Spezialwerkzeug zu sehen. Falls dies nicht zu Verfügung steht und der Motor nicht wie in Bild 22 ausgebaut ist, muss zur Auslassventilspieleinstellung Einstellwerkzeug entsprechend gekürzt werden.

● Ist das Spiel aller Ventile eingestellt, Kurbelwelle zwei Mal um 360 Grad drehen und Spiel nochmals prüfen.

● Gummidichtung des Zylinderkopfdeckels vor Einbau auf Beschädigung überprüfen und gegebenenfalls auswechseln.

● Dichtungsmasse wie in Bild 21 gezeigt am Zylinderkopf auftragen und Deckel ausetzen.

● Spezialdichtscheiben mit der «UP»-Marke nach oben weisend montieren. Darauf achten, dass Scheiben während des Anziehens sauber ausgerichtet sind.

● ⚠ Zuerst die vorderen Aussenschrauben anziehen, dann die anderen, Anzugsmoment 10 Nm.

● MoS$_2$-Fettpaste auf O-Ring/Schaulochdeckel auftragen, Deckel wieder montieren.

● Züge, Schläuche, Tank und Verkleidung wieder anbringen.

## 3.10 Motoröl und -filter

Das Öl ist sozusagen der Lebenssaft für jedes Triebwerk. Klar, dass da der Pegelstand regelmässig kontrolliert wird, siehe Bild 23. Alle 12 000 km bedürfen Öl und Filter einer Erneuerung, mindestens aber einmal jährlich. Öldruckmessung ist im Kapitel 5.1 beschrieben.

● TIP Motorenöl bei betriebswarmer Maschine ablassen, damit sich die Metallabriebteilchen noch in der Schwebe befinden und sich noch nicht abgesetzt haben.

● Motorrad auf Seitenständer stellen, Bauchverkleidung demontieren und geeignete Auffanggefässe (fünf Liter Fassungsvermögen) unterschieben, Ölablass-Schraube SW 17 ausdrehen, siehe Bild 24.

● ⚠ Finger nicht am heissen Öl verbrühen! Öl läuft erst im Schuss, nach einiger Zeit nur noch

tröpfchenweise. Geduldig warten, bis der letzte Tropfen den Weg ins Auffanggefäss gefunden hat.
- TIP Die Ablass-Schrauben sind mit einem Alu- oder Kupferdichtring versehen, der bei jedem Ölwechsel erneuert werden sollte.
- Anzugsmoment der Motor-Ölsumpfschraube 30–40 Nm.

Der Ölfilter hat die Aufgabe, kleinste Partikelchen aus dem Motoröl herauszufiltern. Sobald der Motor läuft, befindet sich das Öl in dauerndem Kreislauf vom Ölsumpf zum Motor und seinen Schmierstellen und tropft dort ab in den Ölsumpf.
- ⚠ Ölfilter deshalb bei jedem Ölwechsel erneuern.
- Auffangwanne unter Ölfilter stellen.
- Ölfilter mit Ölfilterschlüssel (Bandschlüssel) abschrauben, siehe Bild 25.
- O-Ring des neuen Ölfilters einölen, und neuen Ölfilter von Hand eindrehen. Honda-Drehmomentangabe bei Verwendung von speziellem Ölfilter-Schlüssel: 10 Nm.
- Nach Eindrehen der Schraube 3,8 Liter Öl einfüllen, Motor kurze Zeit im Leerlauf tuckern lassen und wieder abstellen. Nach zwei Minuten Ölstand mit Tauchstab messen (nur ansetzen, nicht einschrauben!). Öl bis zur oberen Pegelmarke nachfüllen.
- ⚠ Altöl nicht «weggiessen» (!), sondern an einer Sammelstelle (in jeder grösseren Stadt zu finden) oder Tankstelle abliefern! (Jeder Ölverkäufer ist zur Zurücknahme von Altöl verpflichtet!)
- Bauchverkleidung montieren.

Bild 25
Ölfilter von Hand eindrehen

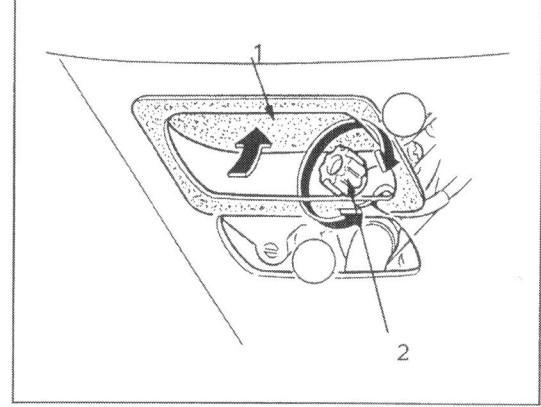

Bild 26
Leerlaufeinstellung:
1 Gummiabdeckung
2 Einstellschraube

## 3.11 Vergaser-Einstellung/ Leerlaufdrehzahl

Für optimale Leistungsfähigkeit des Boliden ist es unumgänglich, dass die Vergaser absolut synchron arbeiten. Schon geringste Unterschiede bewirken, dass besser gefütterte Zylinder benachteiligte «mitschleppen» müssen.
- ⚠ Synchron- und Leerlaufdrehzahl-Einstellung erfolgt bei betriebswarmem Motor und korrekt eingestelltem Ventilspiel.
- Maschine auf Mittelständer stellen und Getriebe auf Leerlauf schalten.
- Leerlaufdrehzahl muss im Normbereich (1000 ± 100/min) liegen.
- Mit Hilfe der Leerlaufregulier-Schraube, siehe Bild 26, durch Hinein- oder Herausdrehen Leerlauf einregulieren (hineindrehen: Drehzahl erhöhen / herausdrehen: Drehzahl senken).
- Tank hochklappen und Gummistopfen am Vergaser entfernen, siehe Bild 27. Unterdruck-

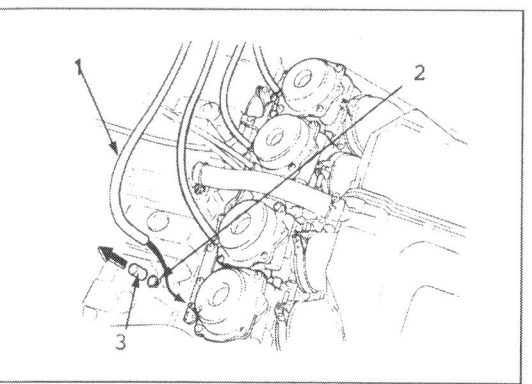

Bild 27
Schläuche anschliessen
1 Schlauch
2 Klammer
3 Stopfen

messuhren anschliessen.
- Durch Verdrehen der Kupplungs- bzw. Synchronisierschraube, siehe Bild 28, bei laufendem Motor alle Vergaser auf denselben Unterdruckwert einstellen. Bei Verwendung von Quecksil-

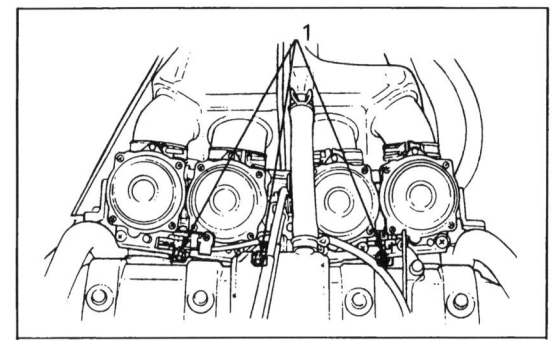

**Bild 28**
1 Abgleichschrauben

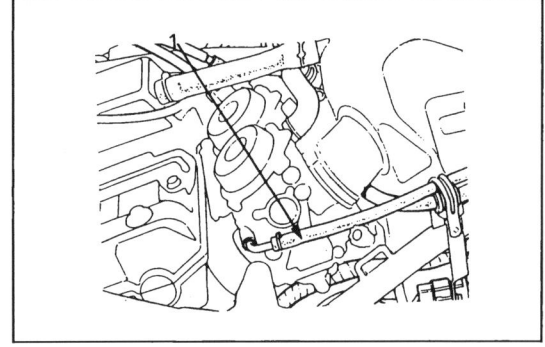

**Bild 29**
Neuere Ausführung
1 Unterdruckschlauch

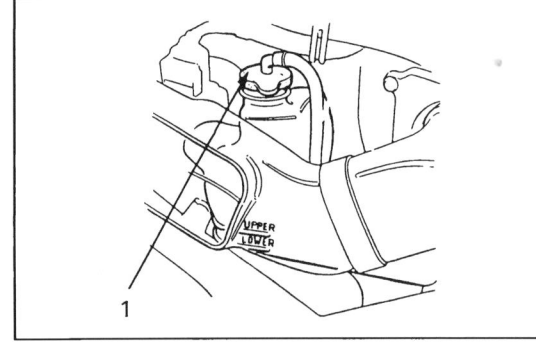

**Bild 30**
Ausgleichbehälter
1 Deckel

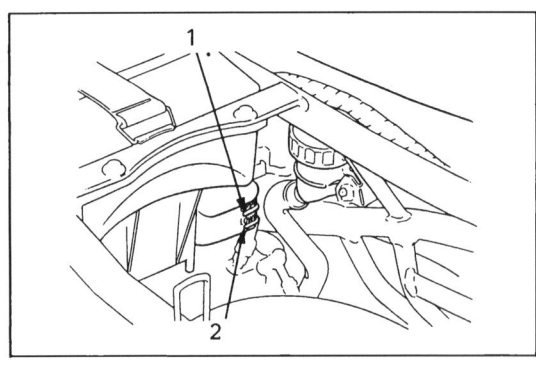

**Bild 31**
1 oberer Pegel
2 unterer Pegel

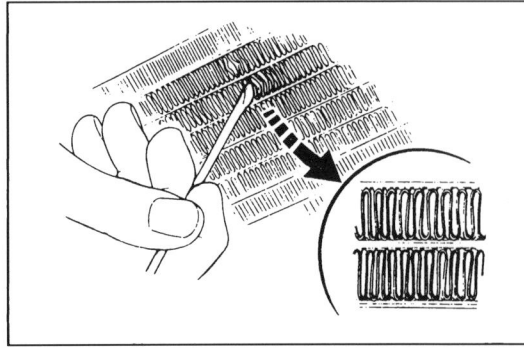

**Bild 32**
Kühlerlamellen
gerade richten

bersäulen-Unterdruckmessgeräten toleriert Honda einen Unterschied von bis zu 20 mm Hg-Säule.
- ⚠ Vergaser 2 ist Bezugsvergaser, siehe Bild 305!
- Abschliessend Gummistopfen am Vergaser wieder anbringen und Leerlaufdrehzahl nochmals kontrollieren.
- Um bei der neueren Ausführung die Benzinzufuhr zu gewährleisten, Unterdruckschlauch zum Benzinhahn durch entsprechend längeren Schlauch ersetzen, siehe Bild 29.

## 3.12 Kühlsystem

Alle 12 000 Kilometer wird der Kühlmittelstand kontrolliert, bzw. alle 36 000 Kilometer oder alle zwei Jahre erneuert. Ein Pflege- und Wartungsaufwand, der zu Nachlässigkeit verführt.
- Kühlmittelstand im Ausgleichbehälter, siehe Bild 30, bei Betriebstemperatur des laufenden Motors kontrollieren.
- Flüssigkeitstand muss zwischen «FULL» und «LOWER» liegen, siehe Bild 31.
- Gegebenenfalls rechte Seitenverkleidung demontieren, Verschlussdeckel des Ausgleichbehälters abziehen und ein Gemisch aus destilliertem Wasser und Frostschutzmittel im Verhältnis 1:1 oder handelsübliche Kühlflüssigkeit für Aluminiummotoren und -kühler bis zur «FULL»-Marke auffüllen (siehe techn. Daten Kühlsystem Seite 106).
- ⚠ Vor Wartungsarbeiten am Kühlsystem Motor auskühlen lassen. Kühlerverschlussdeckel nicht abschrauben, solange Motor noch heiss ist. Heisses Kühlmittel steht unter Druck und kann ernsthafte Verbrühungen verursachen.
- Steht ein Kühlflüssigkeitswechsel an, geeignetes Auffanggefäss unter Wasserpumpe stellen und Sechskantschraube SW 8 ausdrehen (siehe Bild 86 / Schraube 2).
- Ablauf der Kühlflüssigkeit durch gefühlvolles Öffnen des Einfüllstutzens regulieren, wozu der Tank «aufgeklappt» wird.

Zum Befüllen Ablassschraube SW 8 wieder eindrehen und 2,6 Liter Kühlflüssigkeit am Einfüllstutzen einfüllen.
Wie Kühlerflüssigkeitsstand, wird auch das Kühlsystem selbst alle 12 000 Kilometer inspiziert.
- Luftdurchlässe des Kühlers auf Verstopfung und Kühlerlamellen auf Verbiegung überprüfen.
- Verbogene Lamellen und eingedrückte Wasserrohre ausrichten, siehe Bild 32.
- Insekten, Schlamm oder sonstige Fremdkörper mit Druckluft oder schwachem Wasserstrahl entfernen.

- Kühler auswechseln, falls Luftdurchströmung über mehr als 20 Prozent der Kühlerfläche behindert ist.
- Wasserschläuche auf Risse oder Brüchigkeit überprüfen und gegebenenfalls auswechseln.
- Festsitz aller Schlauchklemmen prüfen.

## 3.13 Antriebskette

- ⚠ Antriebskette niemals bei laufendem Motor prüfen oder einstellen.

Die Antriebskette ist eigentlich das Teil am Motorrad, dem man seinen Pflegezustand auf den ersten Blick ansieht. Doch wird die als lästig empfundene Kettenpflege häufig sträflich vernachlässigt, obwohl sie doch wesentlichen Einfluss auf die Fahrleistungen des Motorrades hat, siehe Bild 33.

- Zum Prüfen des Kettendurchhangs Motorrad auf Seitenständer stellen, Getriebe in Stellung Leerlauf. Durchhang sollte unten in der Mitte zwischen den Kettenrädern 15–25 mm betragen.
- Zum Korrigieren des Durchhangs Hinterachsmutter mit Ringschlüssel oder Nuss (SW 27 / Bild 34) lösen und Achse gegenhalten, mit Ring- oder Gabelschlüssel (SW 12 / Bild 33) die Gegenmuttern beider Spannschrauben am Schwingenende lösen.
- Beide Spannschrauben mit Gabelschlüssel (SW 14) jeweils um gleiche Anzahl von Umdrehungen im Uhrzeigersinn eindrehen, bis Kette korrekten Durchhang erreicht.
- Kettendurchhang darf keinesfalls weniger als 15 mm betragen – Gefahr durch stossartige Drücke für Getriebe-Abtriebslager!
- Beide Gegenmuttern und Hinterachsmutter (Anzugsdrehmoment 95 Nm) wieder anziehen. Als letzte Kontrolle Motorrad vom Ständer nehmen und aufsitzen. Auch jetzt darf die Kette keinesfalls voll gespannt sein.
- An der Schwinge sind beidseitig Ausrichtmarken angebracht, siehe Bild 33. Zeigt Pfeil auf rote Markierung, ist Kette übermässig gelängt und muss erneuert werden. Kette der CBR besitzt kein Kettenschloss, zum Wechseln deshalb Schwinge ausbauen (siehe Seite 40). Normale Nietenzieher sind für O-Ring-Ketten nicht zu gebrauchen, dazu gehören spezielle Ausdrücker (im Werkzeughandel erhältlich).
- Gleichzeitig Zähne der Kettenräder auf Abnutzung untersuchen. Sind sie verschlissen, beide zusammen mit Kette auswechseln (vorderes Kettenrad siehe Seite 32 / hinteres Seite 40), siehe Bild 35.
- TIP Niemals neue Kette mit alten Kettenrädern oder umgekehrt kombinieren, weil sich die Teile gegenseitig extrem schnell verschleissen würden.

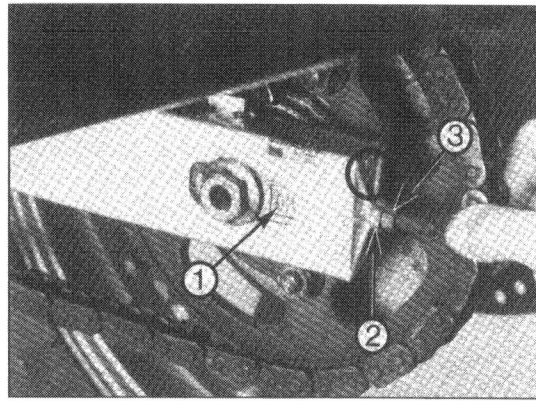

**Bild 33**
Kette darf sich max. 4 mm abziehen lassen
1 Indexpfeil
2 Einstellmutter SW 14
3 Gegenmutter SW 12

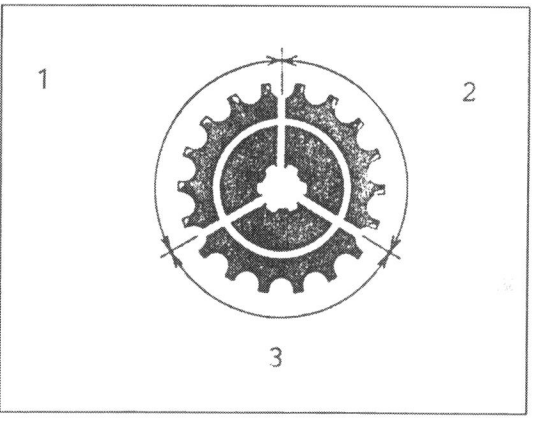

**Bild 34**
Achsmutter SW 27
Anzugsmoment 95 Nm

**Bild 35**
1 beschädigt
2 verschlissen
3 normal

## 3.14 Batterie

Standesgemäss verfügt die CBR über einen zuverlässigen E-Starter. Damit dieser aber zuverlässig seinen Dienst versehen kann, muss die Batterie immer optimal in Schuss sein, insbesondere um auch bei kalter Witterung ausreichend Energie liefern zu können.

- Batterie sitzt unter Sitzbank. Gummispannband der Batterie-Abdeckung abnehmen.
- 🔧 Batterie-Flüssigkeitsstand muss zwischen

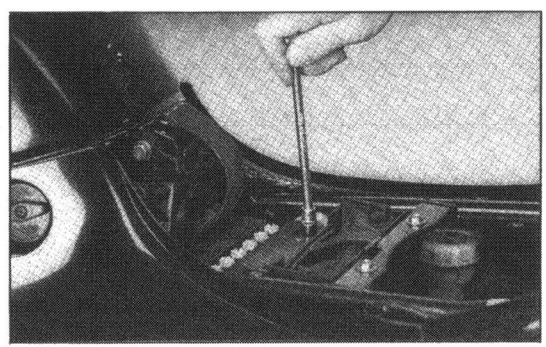

**Bild 36**
Zuerst Minuspol lösen!

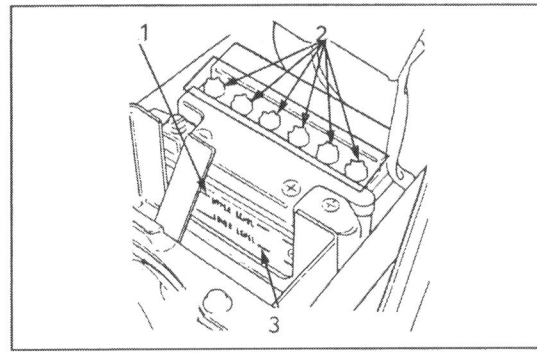

**Bild 37**
1 obere Pegelmarke
2 Zellenstopfen
3 untere Pegelmarke

**Bild 38**
Behälter muss waagrecht stehen

**Bild 39**
Obere Pegelmarke ist die Gussrippe

oberer und unterer Pegelmarkierung liegen. Siehe Bilder 36 und 37.
● Bei zu niedrigem Stand mit Nuss (SW10) oder Kreuzschlitzdreher zuerst negatives Batteriekabel (Minuspol) abklemmen und Entlüftungsschlauch abziehen. Danach Pluskabel entfernen.
● Zellenstopfen entfernen und destilliertes Wasser nachfüllen. Batterie wechseln, wenn sich am Batterieboden grünlicher Belag bildet oder Ablagerungen ansammeln.
● ⚠ Batterie-Elektrolyt enthält Schwefelsäure! Deshalb die Flüssigkeit nicht mit Kleidung in Berührung bringen. Falls Flüssigkeit in die Augen gerät, sofort gründlich mit Wasser spülen und unverzüglich Augenarzt aufsuchen!

## 3.15 Bremsflüssigkeit/Entlüften

Mag man einem Motorrad kurzzeitig einen defekten Auspuff oder auch mal ein durchgebranntes Blinkerbirnchen zubilligen – beim Thema Bremsen gibt es keine Kompromisse. Hier muss bei jedem Fahrmeter hundertprozentige Leistungsfähigkeit sichergestellt sein.
Auf die Wirkung der CBR-Bremsanlage kann sich der Motorradfahrer verlassen. Damit das immer so ist, sollten Wartungsarbeiten an der Bremshydraulik nur bei fundierten Vorkenntnissen vorgenommen werden. Beim geringsten Zweifel am eigenen Können ist die Fachwerkstatt die bessere Wahl.
● Am Schauglas des Bremsflüssigkeits-Behälters Pegelstand kontrollieren, Behälter muss dabei waagrecht stehen (Lenker einschlagen!). Ist Pegel unter «Lower»-Marke gesunken, beide Schrauben am Deckel mit Kreuzschlitz-Schraubendreher entfernen und Deckel samt Membrane und Zwischenstück abnehmen, siehe Bild 38.
● ⚠ Beim Öffnen des Deckels muss Behälter waagrecht stehen, damit keine Bremsflüssigkeit überschwappt, die sich sehr aggressiv verhält und Lacke angreift.
● Pegelstand bis zur oberen Markierung auf der Behälter-Innenseite auffüllen, siehe Bild 39, Behälter/Hinterradbremse siehe Bild 31. Nur Bremsflüssigkeit der Qualität DOT 3 oder DOT 4 verwenden! Da sich Bremsflüssigkeit hygroskopisch verhält, also Wasser anzieht, Behälter immer gut verschliessen. Keinesfalls dürfen Verunreinigungen, Schmutz oder Wasser in den Behälter gelangen.
● Wenn Flüsigkeitsstand rasch absinkt, komplettes System nach Undichtheiten absuchen. Einmal jährlich Bremsflüssigkeit erneuern.
● Deckel des Bremsflüssigkeitsbehälters entfernen und passenden, durchsichtigen Schlauch

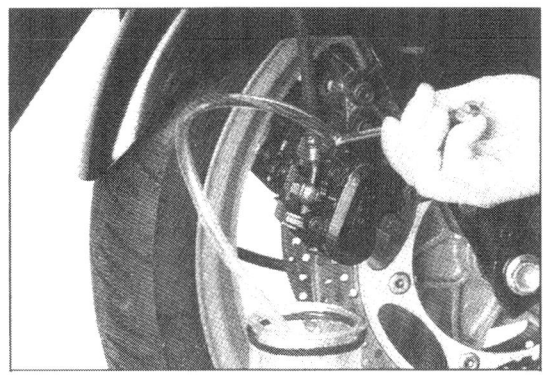

**Bild 40** ◄
Entlüftungsventil SW 8

**Bild 41**
Hinterrad-Bremssattel
frühe Ausführung
(neuere Ausführung
siehe Bild 124):
1 Entlüftungsventil
2 Stiftsicherungsschraube
3 Schraubzapfen
4 Bremsklotzstifte

(Innen-∅ 4 mm) über das Entlüftungsventil am Bremszylinder stülpen, der in einem Glas- oder Metallgefäss endet, siehe Bilder 40 und 41.
● Pumpbewegungen am Bremshebel fördern die Flüssigkeit zum Auffanggefäss.
● TIP Schön langsam pumpen und Hebel zwischendurch immer einige Sekunden in Ruhestellung belassen, um zu gewährleisten, dass sich System luftfrei füllt.
● Währenddessen in Behälter am Lenker zügig Bremsflüssigkeit nachgiessen, damit keine Luftbläschen ins System gelangen können.
So wird mit der neuen Bremsflüssigkeit die alte weggespült.
● Tritt am Entlüftungsschlauch keine Luft mehr aus, Bremshebel noch einmal langsam anziehen und gleichzeitig Entlüftungsventil schliessen.

**Bild 42**
Belagkontrolle entlang des hier weiss markierten Pfeils

## 3.16 Bremsbelagverschleiss

Auch die beste Bremse funktioniert nur mit ordentlichen Belägen. Deshalb ist die regelmässige Kontrolle der Belagstärken so wichtig.
● Belagstärke der vorderen Scheibenbremsen kontrollieren (von schräg hinten unten mit einer kleinen Taschenlampe in den Spalt des Bremssattels leuchten). Belagstärke der hinteren Klötze ist von hinten frei einsehbar. Klötze austauschen, wenn die Belagstärke markierte Rille erreicht hat, siehe Bilder 42–44. Austausch der Klötze ist auf Seite 40 beschrieben.

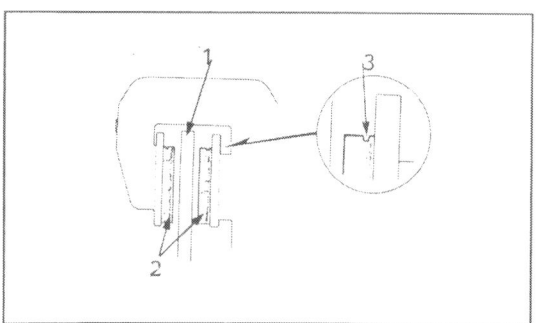

**Bild 43**
Gut sichtbare Bremsbelagstärke

**Bild 44**
1 Bremsscheibe
2 Bremsklötze
3 Verschleissnut

## 3.17 Bremspedal- und Bremslichteinstellung

In Notsituationen ist es äusserst wichtig, dass die Bremswirkung sofort ohne Verzögerung eintritt. Dehalb muss die Position des Fussbremspedals der Fussstellung des Fahrers angepasst sein.
● Zur Korrektur Gegenmutter mit Gabelschlüs-

**Bild 45**
Einstellgewinde der Bremspedallage

**Bild 46**
Bremslichtschalter

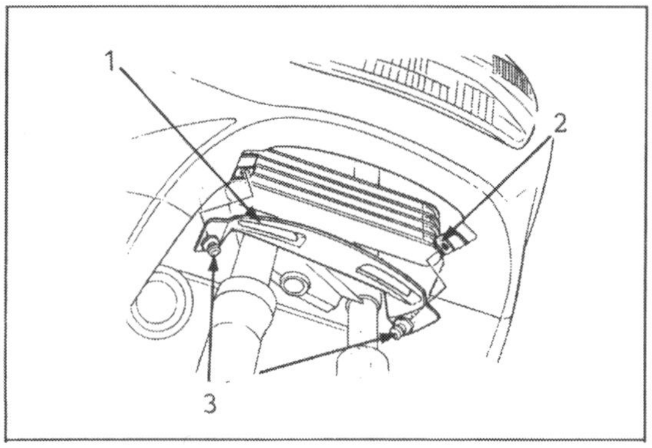

**Bild 47** ▶
Neuere Ausführung
Luftleitstück entfernen
1 Luftleit«blech»
2 Klammer
3 Stifte

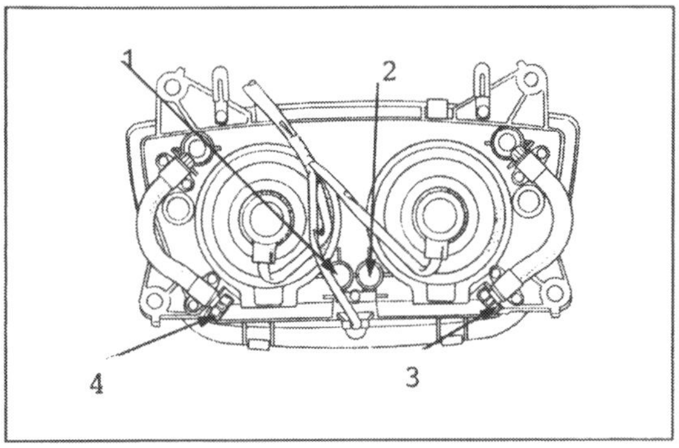

**Bild 48**
Einsteller/neuere Ausführung
1 Horizontaleinsteller/rechts
2 Horizontaleinsteller/links
3 Vertikaleinsteller/rechts
4 Vertikaleinsteller/links

**Bild 49**
Einsteller/alte Ausführung
1 Horizontaleinsteller
2 Vertikaleinsteller

**Bild 50**
Lampenwechsel vorn
1 Steckverbinder
2 Lampe
3 Dichtungsgummi

**Bild 51**
Lampenwechsel hinten
1 Lampe
2 Fassung

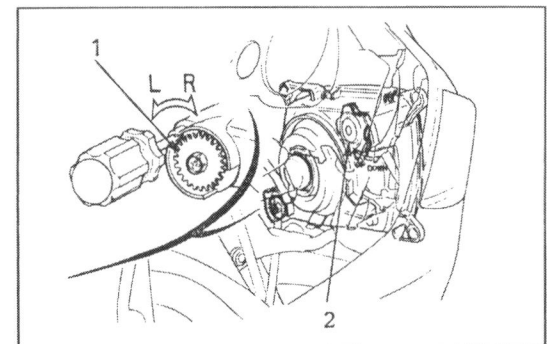

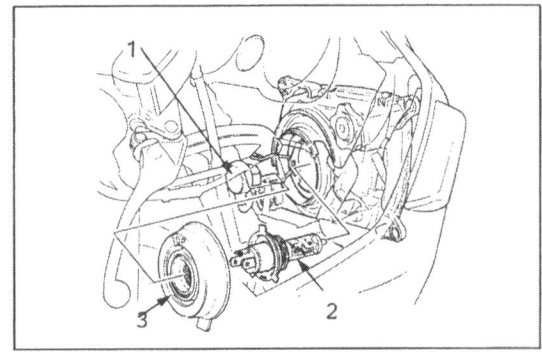

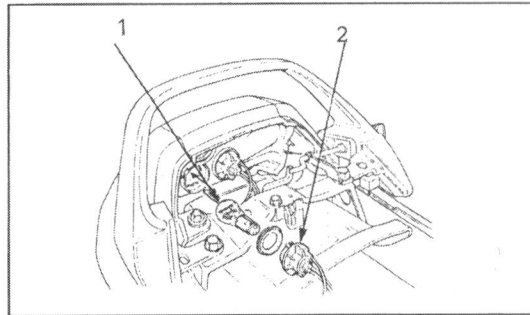

sel (SW 12) lösen, mit Gabelschlüssel SW 10 Einstellgewinde verdrehen bis gewünschte Pedaleinstellung erreicht ist und Gegenmutter anziehen, siehe Bild 45.
Ansprechverhalten des Bremslichtschalters vorn kann nicht eingestellt werden, hinterer soll in Aktion treten, bevor Bremswirkung der Hinterradbremse einsetzt. Einstellung durch Drehen der Rändelmutter von Hand vornehmen, siehe Bild 46.

## 3.18 Kupplungshydraulik

Entlüftung und Wechsel der Hydraulikflüssigkeit erfolgt entsprechend Kapitel 3.15, siehe Bild 85, Seite 32.

## 3.19 Scheinwerfereinstellung

Wesentlicher Sicherheitsfaktor bei Nachtfahrten sind korrekt eingestellte Scheinwerfer.

● Zur Scheinwerfereinstellung der neueren Ausführung Luftführung entfernen, siehe Bild 47.
● Höhen- und Seiteneinstellung des Scheinwerfers erfolgt durch die in Bildern 48 und 49 gezeigten Einsteller.
● Zum Wechsel der Scheinwerferbirne untere Innenabdeckung rechts entfernen (hinten: Sitzbank abnehmen), Steckkontakt und Gummitülle abziehen, Fassung mit Drehung aus Bajonettverschluss herausnehmen und Birnchen entfernen, siehe Bilder 51 und 52. Wiedereinbau in umgekehrter Reihenfolge.
● ⚠ Beim Einsetzen der neuen Halogenlampe Handschuhe tragen. Falls Lampe mit blossen Händen angefasst worden ist, Lampe mit einem in Alkohol getränkten Tuch reinigen, um vorzeitiges Durchbrennen und Helligkeitsverlust zu verhindern.

## 3.20 Seitenständer

Nachdem Honda lange Jahre Ärger mit den Seitenständern der Motorräder hatte – ein Gummifühler sollte den versehentlich ausgefahrenen Seitenständer in der ersten Linkskurve einklappen lassen – ist der CBR-Faulenzer mit einem Schalter ausgerüstet, der den Zündstrom bei ausgeklapptem Seitenständer unterbricht.

● Damit der Zündstromunterbrecher nicht unaufgefordert seinem Dienst nachkommt, ihm ab und an etwas MoS$_2$-Spray zukommenlassen.
● ⚠ Feder darf keine Beschädigung und keinen Spannungsverlust aufweisen.

## 3.21 Lenkkopflager

Wenn das Motorrad in langgezogenen Kurven plötzlich nicht mehr den gewohnt sauberen Strich ziehen will, und wenn es beim kurzen Antippen der Vorderradbremse verdächtig im Lenker knackt, dann hat das Lenkkopflager zuviel Spiel.

● 👁 Zum Prüfen des Lagers Maschine auf Hauptständer stellen und Heck so belasten, dass Vorderrad frei kommt. Falls sich Lenker ungleichmässig bewegt, schleift, oder Vertikalspiel aufweist, Lager nachstellen.
● Lenkerhälften demontieren: Spannschrauben lösen und Sicherungsringe abnehmen.
● Gabelklemmfäuste der oberen Gabelbrücke (Innensechskant SW 6) lockern und Gabelbrücke abnehmen.
● Gabelschaftrohrmutter lösen (siehe Bild 52), Gabelbrücke abnehmen und Laschen des Sicherungsblechs lösen, siehe Bild 53. Gegenmutter ausdrehen und Nutmutter zunächst lockern (siehe Bild 54) und dann wieder anziehen, bis kein Spiel mehr spürbar, aber Lenkung noch leichtgängig ist.
Honda gibt eine Lenklagervorspannung von 1,1-1,6 kg für die nackte Gabel an, siehe Bild 55.
● Sicherungsblech wieder auflegen, Gegenmutter anlegen und Blechlaschen wieder anlegen.
● Gabelbrücke wieder aufsetzen und Standrohre provisorisch einschieben. Gabelschaftrohrmutter anziehen (105 Nm).
● Klemmschrauben der unteren Gabelbrücke lösen und Standrohre vor Anziehen der Klemmschrauben mehrmals verdrehen, um spannungsfreie Montage der Gabelbrücken zu gewährleisten.
● Lenkerhälften wieder montieren.

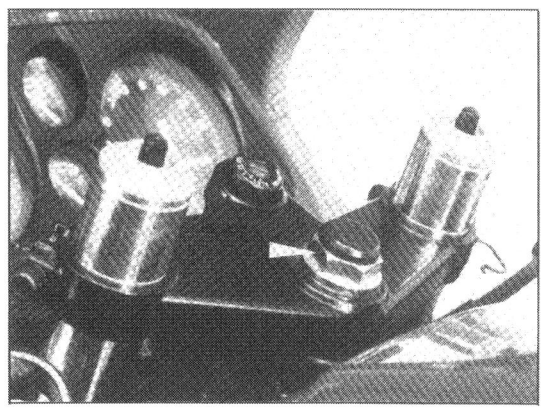
Bild 52
Gabelschaftrohr-Mutter lösen

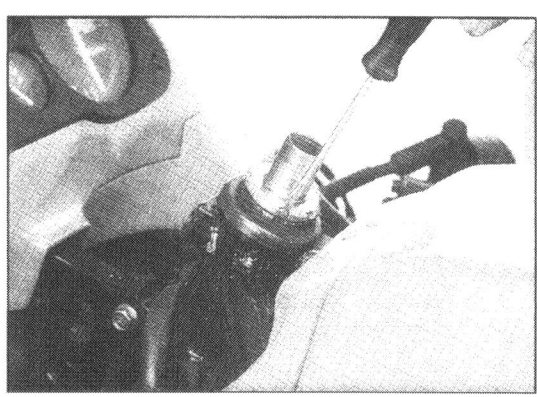
Bild 53
Laschen aufbiegen

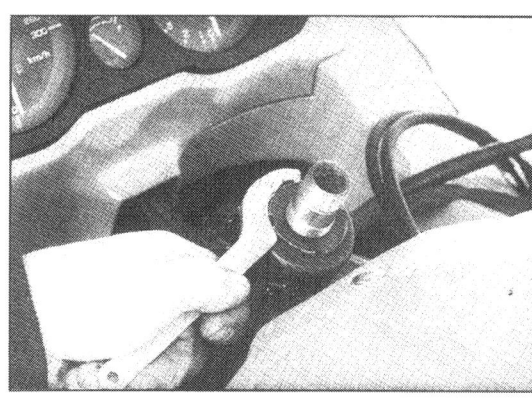
Nutmutter lösen

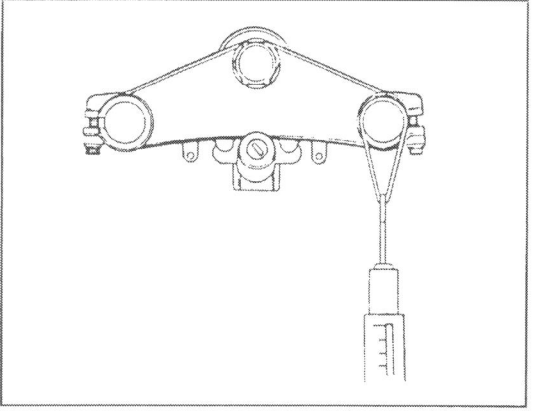
Bild 55
Vorspannung muss zwischen 1,1 und 1,6 kg liegen

## 3.22 Federung

Die Vorderradfederung der CBR 1000 F ist von konventioneller, wenn auch aufwendiger Ma-

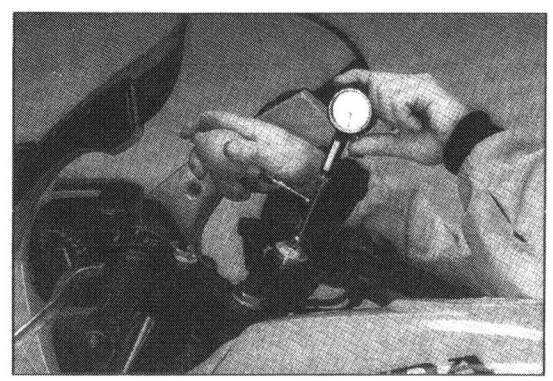

**Bild 56**
Nur gutes Messwerkzeug bringt vernünftige Ergebnisse

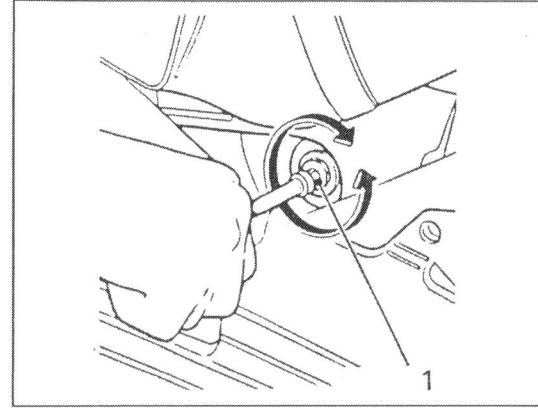

**Bild 57**
Links: Dämpferverstellung
1 Einsteller (Schlitzschraube)
  Position 1: Weich
  Position 2: Normal
  Position 3: Hart

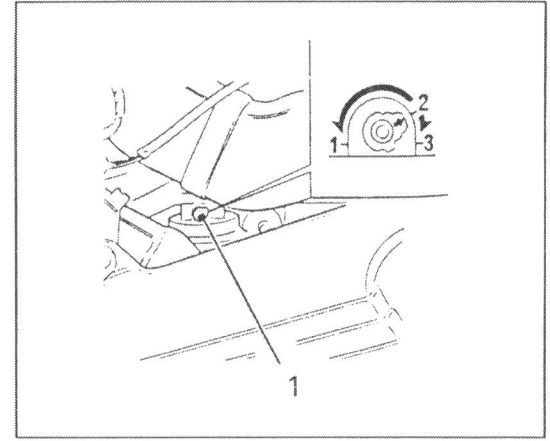

**Bild 58**
Rechts: Federvorspannung
1 Einsteller SW 8

lichkeit gehindert sind.
● Wellendichtringe der Telegabel dürfen keine Undichtheiten zeigen. Defekte Teile erneuern, wie ab Seite 42 beschrieben.
Die Hinterhand der CBR wird über dauergeschmierte Hebelgelenke und ein zentrales Federbein abgefedert, dessen Dämpfungswirkung dreifach und die Federbasis stufenlos verstellbar ist, siehe Bilder 57 und 58.
● Wirkung des Federbeins durch mehrmaliges Einfedern prüfen.
● Alle Gelenkverbindungen auf Festsitz prüfen. Darauf achten, dass Gelenk und Hebel weder beschädigt noch verzogen sind.

## 3.23 Muttern, Schrauben, Befestigungsteile

Im Lauf der Zeit kann es vorkommen, dass sich Muttern oder Schrauben am Motorrad durch feine Vibrationen lösen.
● Deshalb alle 12 000 Kilometern im Rahmen einer Inspektion alle Fahrgestellmuttern und -schrauben kontrollieren. Sie müssen mit den vorgeschriebenen Drehmomentwerten angezogen sein.

## 3.24 Räder, Reifen

Kontrolle von Drahtspeichenrädern gehört dank der Gussräder zwar der Vergangenheit an, dafür können die Laufräder aber bei hartem Aufprall auf einen Randstein Schaden nehmen, dem nur mit Röntgen-Technik auf die Spur zu kommen ist. Deshalb hält es auch der Grossteil der Fachwerkstätten zu Recht für nicht vertretbar, Gussräder zu richten.
Auch die Reifen dürfen keine Risse oder sonstige Beschädigungen aufweisen. Reifenluftdruck bei kalten Reifen messen, siehe Techn. Daten Seite 102.
Reifen erneuern, wenn Profiltiefe vorn nur noch 1,5 mm und hinten 2,0 mm beträgt.

chart; bei der älteren Ausführung besteht die Möglichkeit der zusätzlichen Luftunterstützung, siehe Bild 56, (Luftdruck 0–0,4 bar). Die Ölfüllung ist als Dauerfüllung disponiert.
● Wirkung der Telegabel durch mehrmaliges Einfedern prüfen. Dabei zeigt sich, ob Tauchrohre etwa durch verspannten Einbau an freier Beweg-

# 4 Demontage

Wie in Kapitel 3 gesehen, lassen sich alle routinemässigen Wartungsarbeiten an der CBR 1000 F bei eingebautem Motor erledigen.
Bei der Auflistung der Arbeitsgänge wird von einer Totaldemontage ausgegangen. Deshalb bei Kupplungstrouble getrost Kapitel «4.1 Vergaser» auslassen. Falls eine Totaldemontage ansteht, empfiehlt es sich, vor Motorausbau die Baugruppen Kupplung, Zündgeber, Lichtmaschine und Wasserpumpe zu demontieren. Das senkt zwar kaum das Gewicht des Rumpfmotors und ein zweiter Mann wird beim Herausheben des Motors («Leergewicht» 80 kg) auf jeden Fall benötigt, erleichtert jedoch die Arbeit an genannten Baueinheiten, da zum Lösen der einen oder anderen Schraubverbindung ein mittels Hinterradbremse blockierter Motor ganz nützlich ist.
Zylinderkopf und Zylinder/Kolben können, wenn auch mit einigem Aufwand, der einem Motorausbau fast gleichkommt, bei eingebautem Motor demontiert werden, siehe Seite 35.
● ⚠ Tankdemontage siehe Seite 14, Verkleidungsdemontage siehe Seite 94.

**Bild 59**
Benzinleitung trennen

## 4.1 Vergaser

● Kraftstoffzulauf trennen, siehe Bild 59, und Sprit aus Schwimmerkammern ablassen: Schlauch (5 mm Innendurchmesser) auf Schwimmerkammer-Ablass stülpen und Benzin in geeignetes Auffanggefäss nach Aufdrehen der Ablassschraube ablassen, siehe Bild 60.
● Choke- und Gaszug wie auf Seite 14 beschrieben aushängen.
● Schlauchbänder zum Zylinderkopf und Luftfiltergehäuse hin lösen und Vergaser unter 90°-Drehung nach oben abnehmen, siehe Bilder 61 und 62.
● TIP Vergaser können zerlegt werden, ohne sie zu trennen.
Trennen der Vergaser:
● Abgleich- (Synchronisier-) Schrauben lösen, Chokeverbinder und Schrauben der Verbindungsleiste lösen. Darauf achten, dass Federn der Ab-

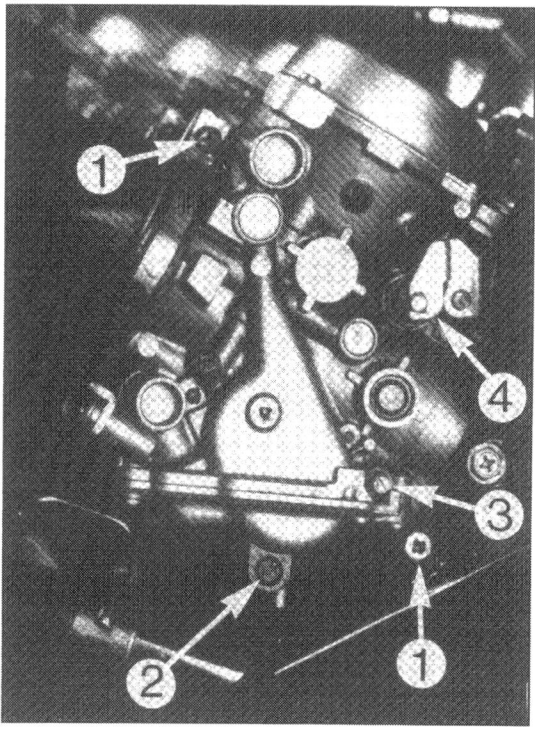

**Bild 60**
Vergaser
1 Schlauchschellen
2 Benzinablass und Ablass-Schraube
3 Gemischregulierung
4 Choke

**Bild 61**
Vergaser von der Zylinderkopfseite
(Pfeil: Verbindungsleiste)

**Bild 62**
Vergaser von der Luftfilterseite:
1 Chokebetätigungsarm
2 Unterdruckanschluss
3 Chokeverbinder
4 Vergaserabgleich-Schraube

**Bild 63** ▶
Unterdruckkolben und Düsennadel
(Fassung mit Drehung aus Bajonettverschluss nehmen)

**Bild 64**
Vergaser von unten

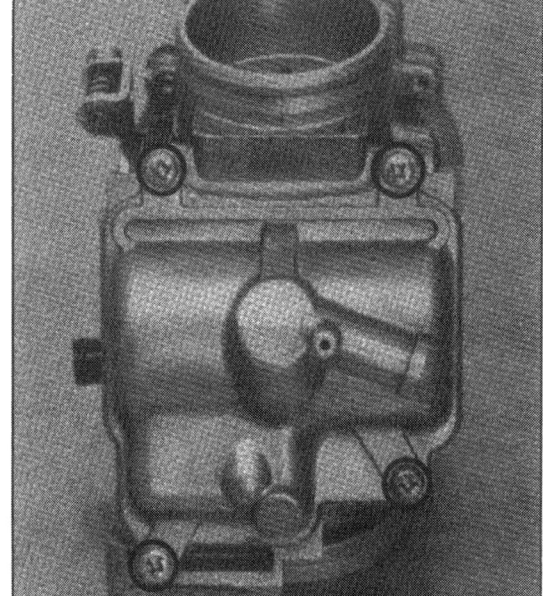
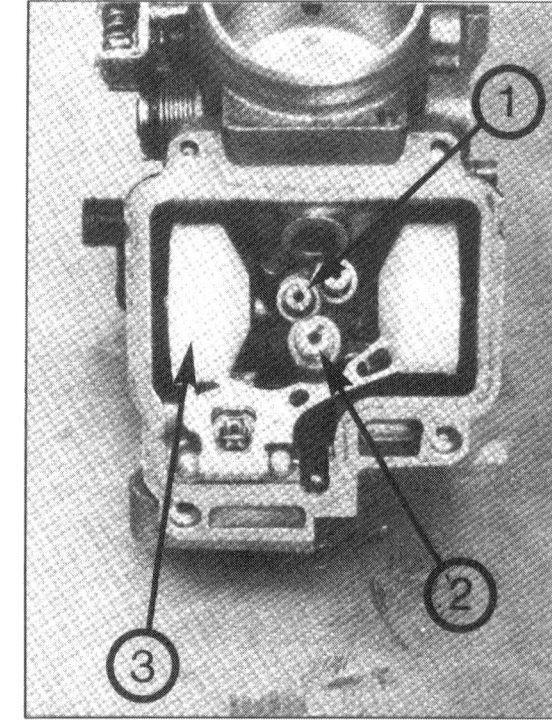

**Bild 65** ▶
1 Leerlaufdüse
2 Hauptdüse
3 Schwimmer

**Bild 66**
Schwimmer mit Ventilnadel und Ventilsitz

**Bild 67** ▶
1 Leerlaufdüse
2 Mischrohr
3 Hauptdüse

**Bild 68**
Chokekolben entnehmen

**Bild 69** ▶
Zuerst Kabel lösen

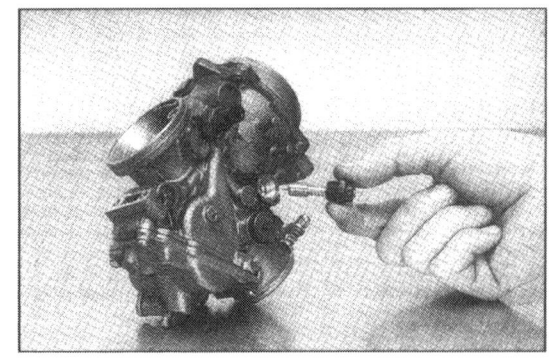
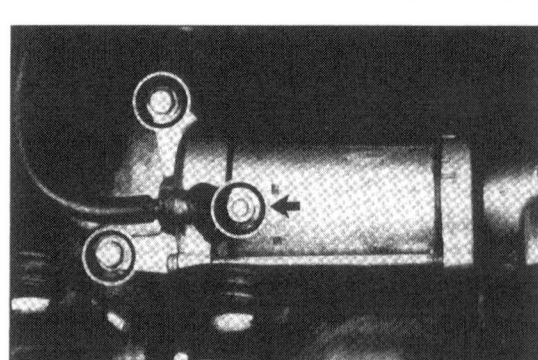

gleicheinrichtung nicht verloren gehen.
● Vier Kreuzschlitzschrauben oben herausdrehen und Unterdruck-Kammerdeckel abnehmen.
● Feder, Membran und Unterdruckkolben entnehmen.
● Düsenhalter hineindrücken und um 90 Grad im Gegenuhrzeigersinn drehen, siehe Bild 63.
● Vier Kreuzschlitzschrauben am Schwimmerkammer-Deckel von unten am Vergaser herausdrehen und Deckel abnehmen, Bilder 64/65.
● Schwimmerachse mit Zängchen herausziehen und Schwimmer samt Nadelventil und Ventilsitz abnehmen, siehe Bild 66.
● Hauptdüse, Mischrohr und Leerlaufdüse, siehe Bild 67.
● Chokekolben ausdrehen siehe Bild 68.
● Gemischregulierschraube (Teil 3 in Bild 60) im Uhrzeigersinn eindrehen bis sie leicht aufsitzt und Anzahl der Umdrehungen notieren. Schraube ausdrehen.
● ⚠ Schraube nicht gegen Sitz anziehen, da dieser sonst beschädigt wird.

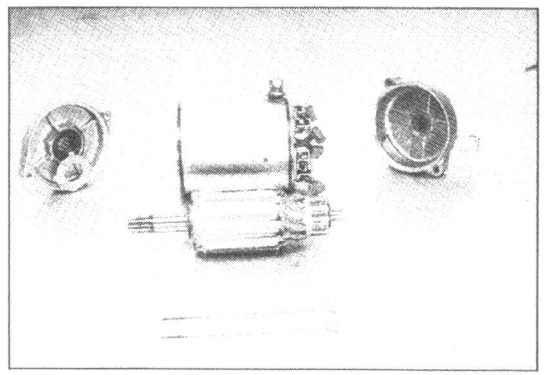

**Bild 70**
Anlasser zerlegt

## 4.2 Anlasser

● TIP Der Anlasser kann nach Vergaserdemontage bei eingebautem Motor ausgebaut werden.
● ⚠ Bei ausgeschalteter Zündung zuerst Masse-Kabel der Batterie abklemmen, bevor Arbeiten am Anlasser vorgenommen werden.
● Plus-Kabel von Anlasser trennen, zwei Sechskantschrauben SW 8 herausdrehen und Anlasser abnehmen, siehe Bild 69.
● Zwei Kreuzschlitzschrauben ausdrehen, Rück- und Frontdeckel abnehmen. Anker herausführen, siehe Bild 70.
Anzahl und Lage der Belagscheiben notieren.

**Bild 71**
Limadeckel

## 4.3 Lichtmaschine und Impulsgeberspulen

● Drei Kreuzschlitzschrauben am Lima-Deckel lösen und Deckel abnehmen, siehe Bild 71.
● Lichtmaschinen-Kabel freilegen. Dabei den Sicherungsclip der Kabeltülle beachten, siehe Bilder 72 und 73.
● Lager mit handelsüblichen Zweiarmabzieher demontieren, siehe Bild 74.
● Gang einlegen, Hinterradbremse betätigen und Lima-Mutter SW 22 ausdrehen, Bild 75.
● Nach Entnahme des Rotors Lage der Wicklungen markieren, siehe Bild 76. Demontage der

**Bild 72**
Sicherungsblech

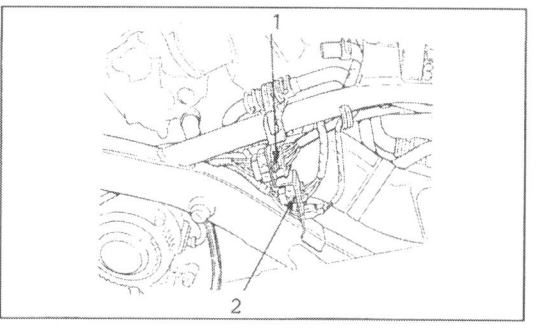

**Bild 73**
1 Limastecker

Lima-Basis ist nur nach Getriebe-Demontage sinnvoll, siehe Bild 77!

● ⚠ Bei neuerer Ausführung entfällt seperate Entnahme der Wicklungen, die zusammen mit Lima-Deckel abgenommen werden und nicht demontiert werden sollen!

### 4.3.1 Impulsgeberspulen

● Stecker des Impulsgeberkabels trennen und

**Bild 74**
Lager abziehen

**Bild 75**
Mutter SW 22 ausdrehen

**Bild 76**
Lage der Wicklungen markieren

**Bild 77** ▶
Lima-Basis erst nach Getriebedemontage lösen!

**Bild 78**
Fünf Schrauben SW 8 lösen

**Bild 79** ▶
Impulsgeberspulen

Kabel freilegen, siehe Bild 92.
● Fünf Sechskantschrauben SW 8 des Gehäusedeckels lösen, siehe Bild 78.
● Rotor (SW 14) lösen und vier Schrauben SW 10 der Geberspulen ausdrehen, siehe Bild 79.

## 4.4 Kupplung

● Elf Schrauben SW 10 des Kupplungsgehäusedeckels ausdrehen und Deckel abnehmen, siehe Bild 80.
● Kupplungsdruckplatte (5 Sechskantschrauben SW 10 schrittweise über Kreuz lösen) entfernen, siehe Bild 81, und Druckpilz, Belag- und Stahlscheiben entnehmen.
● Kupplungszentralmutter ist mit Hauptwelle verstemmt. Verstemmung aufbiegen, dabei jedoch nicht Welle beschädigen. Mit Universalkupplungsnabenhalter, siehe Bild 82, Kupplungszentralmutter SW 30 lösen.
● Kupplungskorbführung entnehmen, siehe Bild 83.
● Um den Kupplungskorb entnehmen zu können, muss die Kurbelwange des Zylinders Nr. 4 im oberen oder unteren Totpunkt stehen, siehe Bild 84.
● Kupplungskorb abnehmen.
● Nehmerzylinder nach Lösen von drei Schrauben SW 8 in Bild 85 abnehmbar. Betätigungskolben durch Pumpen am Handhebel ausdrücken. Auffanggefäss für Hydraulikflüssigkeit bereitstellen!
Kupplungshydraulik entsprechend der Bremshydraulik demontieren.

## 4.5 Kühlsystem

Vor Demontage der Wasserpumpe Öl (siehe Seite 18) und Kühlwasser ablassen.
● Auffanggefäss unter Wasserpumpe stellen und Ablass-Schraube (siehe Bild 86) lösen. Ab-

**Bild 80**
Kupplungsdeckel entfernen

**Bild 81**
Schrauben schrittweise über Kreuz lösen

**Bild 82**
Kupplungszentralmutter lösen

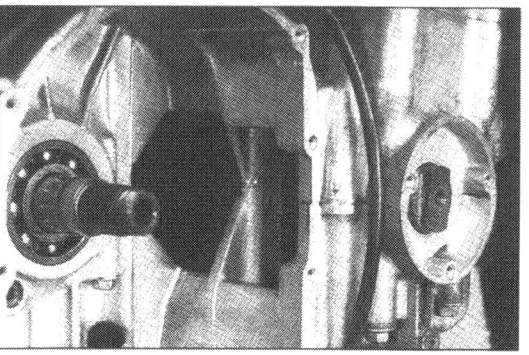

**Bild 83** ◀
Korblager entnehmen

**Bild 84**
Stellung der Kurbelwange beachten!

**Bild 85**
Kupplungsnehmerzylinder
Pfeil: Entlüftungsventil
Kreise: Befestigungsschrauben SW 8

**Bild 86** ▶
Wasserpumpe
1 Bypass-Schlauch zum Zylinderkopf
2 Ablass-Schraube
3 Befestigungsschrauben

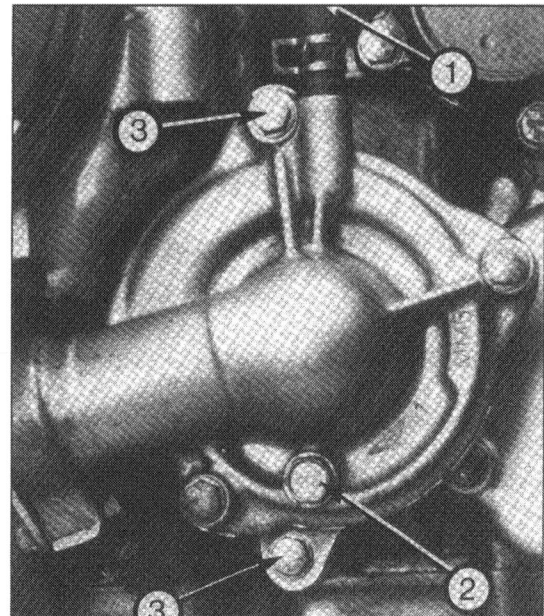

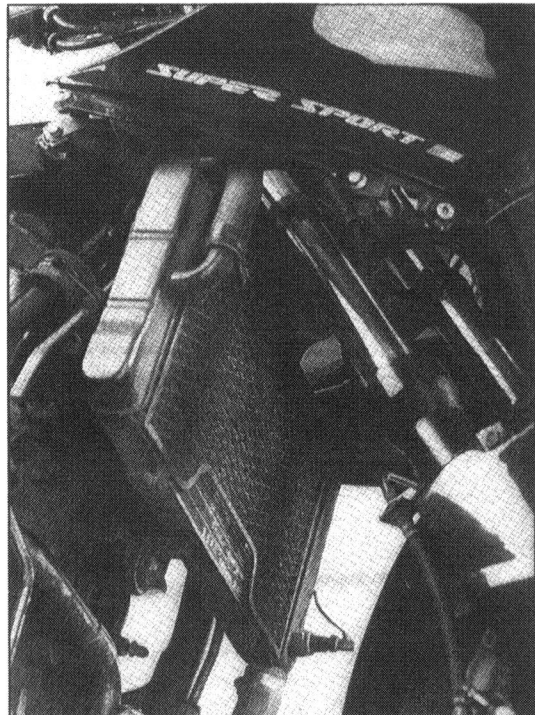

**Bild 87**
Wasserkühler mit Thermoschalter

**Bild 88**
Thermostatgehäuse

lauf durch feindosiertes Öffnen des Einfüllstutzens regulieren.
Nach Ablassen, Kühlwasserschläuche an der Wasserpumpe (Zu- und Ablauf) abnehmen. Auffangwanne unterstellen! Obere und untere Schrauben SW 8 ausdrehen und Wasserpumpe abnehmen. Übrige Gehäuseschrauben lösen und Gehäuse trennen. Auf O-Ringe im Anschluss zum Motorgehäuse hin und und im Wasserpumpendeckel achten.

● Am Kühler Thermoschalter/Lüftermotor ausdrehen und Kabel freilegen, siehe Bild 87.
● Am Thermostatgehäuse zwei Schrauben SW 10 ausschrauben, siehe Bild 88, Gehäusedeckel abnehmen und Thermostat entnehmen. Thermosensor ausschrauben. Einbaulage Thermostatgehäuse / neuere Ausführung siehe Bild 20.
● Kühlschläuche zu den Zylinderköpfen und Zylindern entfernen.

## 4.6 Motorausbau

Motorausbau setzt Ölablassen (siehe Seite 18) und Ablassen der Kühlflüssigkeit (siehe Seite 31) voraus.

### 4.6.1 Auspuff/Krümmer

● Auspufftöpfe und Krümmer entsprechend Bild 89 demontieren.

### 4.6.2 Ritzeldemontage

● Kettenspannung lockern, siehe Seite 21.
● Getriebeschalthebel nach Ausdrehen der

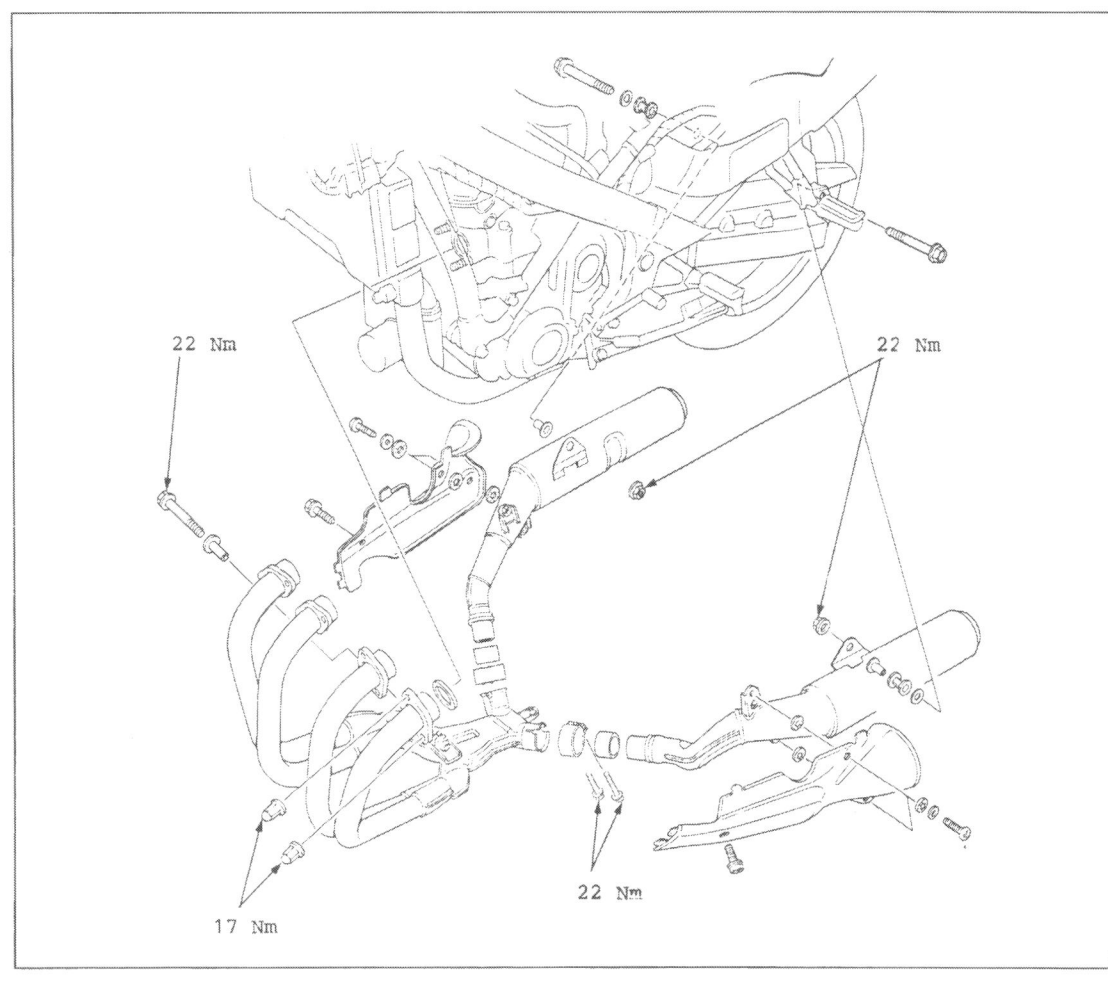

**Bild 89**
Einzelteile/Auspuffanlage

Klemmschraube SW 10 abnehmen.
● Kupplungshebel mit Klebeband o. ä. am Griff festlegen, damit nicht Hydraulikflüssigkeit nachläuft und so Nehmerkolben ausrückt.
● Kupplungsnehmerzylinder (siehe Bild 85) demontieren.
● Zwei Sechskantschrauben am Ritzel ruckartig ausdrehen (eventuell Gang einlegen), Ritzelmutter SW 14 ausdrehen und Ritzel samt Kette abnehmen, siehe Bild 90.

### 4.6.3 Ausbau

● Ölleitungen zum Ölkühler demontieren, siehe Bild 91.
● Stecker der Lichtmaschine und Impulsgeberspulen trennen und Kabel freilegen, siehe Bild 92.
● Schraubkontakte des Leerlaufanzeigekabels und Öldruckschalters entfernen. Kabel freilegen, siehe Bild 93.
● Alte Decke o. ä. unter Motor legen, um Beschädigung zu vermeiden.
● Hydraulischen Wagenheber oder andere einstellbare Stütze am Motor anbringen, um Schrauben während des Entfernens zu entlasten.
● Bild 94 zeigt die noch verbleibenden Verbin-

**Bild 90**
Ritzeldemontage

**Bild 91**
Öl- und Kühlschläuche trennen

**Bild 92** ▶
Limastecker (1) und Impulsgeberspulen (2) trennen

**Bild 93** ▶
Öldruckschalterkabel (1) und Leerlaufanzeigekabel trennen (2)

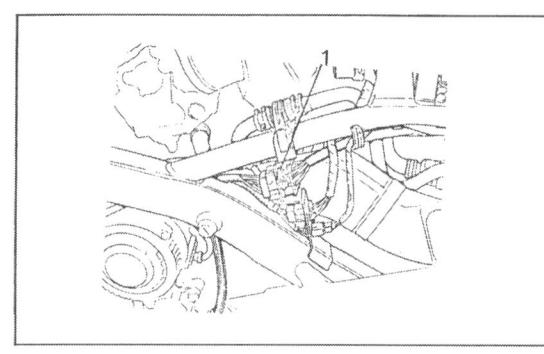
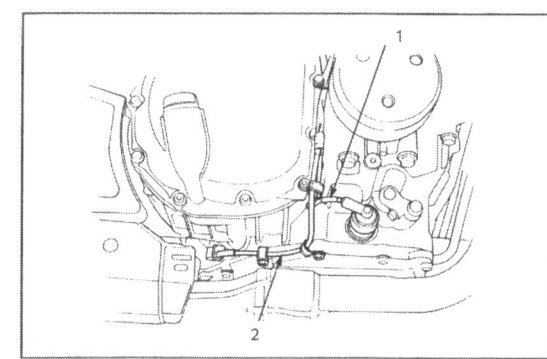

**Bild 94**
Motoraufhängungspunkte

**Bild 95** ▶
1 Gegenmutter
2 Rechter Seitenrahmen
3 Einsteller

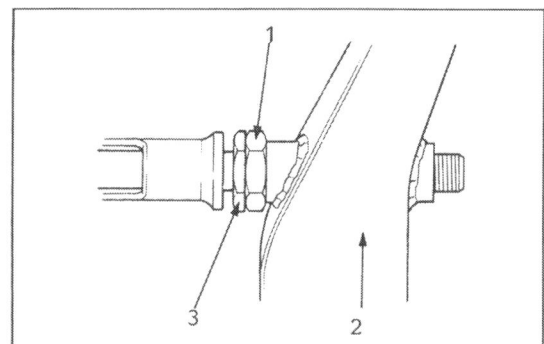

**Bild 96**
Motor ablassen

**Bild 97** ▶
Motor «entnehmen»

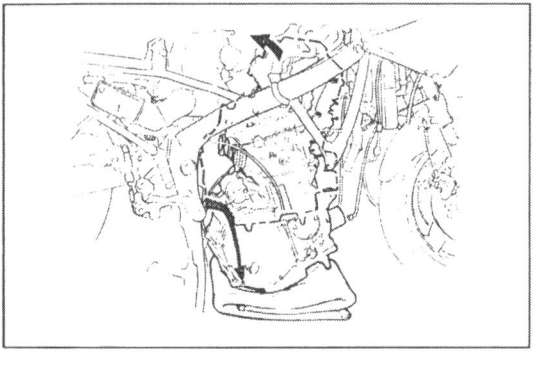
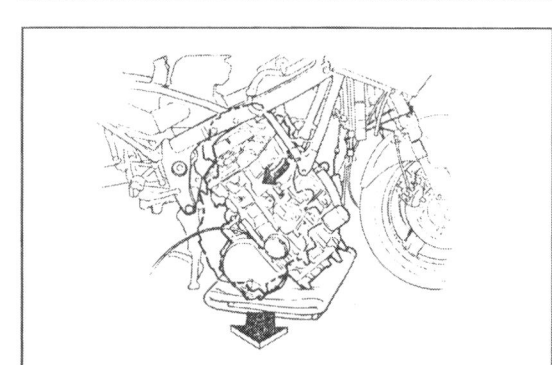

**Bild 98**
Steuerkettenführung (Pfeil)

**Bild 99** ▶
Steuerkettenräder und Lagerböcke entfernen
1 Schrauben
2 Lagerböcke
3 Steuerkette
4 Steuerkettenräder

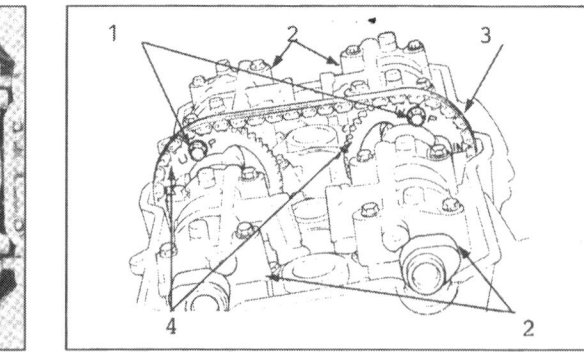

dungen Rahmen/Motor. Zuerst die vorderen Schrauben entfernen.
● Hinteren Motoraufhängungseinsteller oben und Gegenmutter lösen. Motoraufhängungsschrauben entfernen, siehe Bild 95.
● Motor vorsichtig absenken. Dabei hinteres Ende des Motors vorwärts und Zylinderkopf nach oben bewegen.
● Stütze entfernen und Motor auf Unterlage ablassen, siehe Bild 96.
● Motor leicht im Uhrzeigersinn drehen und nach rechts aus Rahmen ziehen, siehe Bild 97.

## 4.7 Zylinderkopf

Den wenigsten von uns wird es vergönnt sein, über einen professionellen Motor-Halteblock zu verfügen. Aber um ab und zu mal eine festsitzende Schraube zu lösen, genügt auch ein kräftiger Helfer, der als Gegenhalter fungiert. Darauf achten, dass Teile von Zylinder 1 mit 2 oder linkes Ventil nicht mit rechtem vertauscht werden.
Um den Zylinderkopf bei eingebautem Motor auszubauen, folgende Vorarbeiten ausführen:
● Ölablassen, siehe Seite 18.
● Kühlmittel ablassen, siehe Seite 31.
● Wasserleitungen vom Kopf entfernen.
● Zündspulen/Thermostatgehäuse entfernen.
● Vergaser ausbauen, siehe Seite 27.
● Auspuffanlage abbauen, siehe Seite 32.
● Nockenwellen ausbauen, siehe Seite 35.
● Antriebskettenspanner ganz lösen, siehe Seite 35.
● Ölleitungen vom Motor trennen, siehe Seite 34.
● Hintere Motoraufhängung oben (mit Einsteller) lockern, übrige Aufhängungen demontieren und Motor mit Wagenheber o. ä. anheben, bis er auf Rahmen aufsitzt.
● Zylinderkopfdeckel wie auf Seite 17 (Ventilspielkontrolle) beschrieben ausbauen.
● Steuerkettenführung (4 Schrauben SW 5) entfernen, siehe Bild 98.
● Nockenwellenradschrauben entfernen, siehe Bild 99, Kurbelwelle im Gegenuhrzeigersinn drehen (siehe Bild 281) und übrige Schrauben entfernen. Nockenwellenräder von den Wellen abnehmen.
● Schrauben der Nockenwellenlagerböcke in 2 bis 3 Schritten über Kreuz lösen und Lagerböcke samt Nockenwellen und Kettenrädern abnehmen. Auf Verbleib der Passhülsen und O-Ringe achten!
● Führungen und Federbleche der Schlepphebel entfernen (vier Schrauben SW 10 je Zylinder). Auf den Verbleib der Passhülsen achten!
● Um Scheppehebel zu demontieren, Gegenmut-

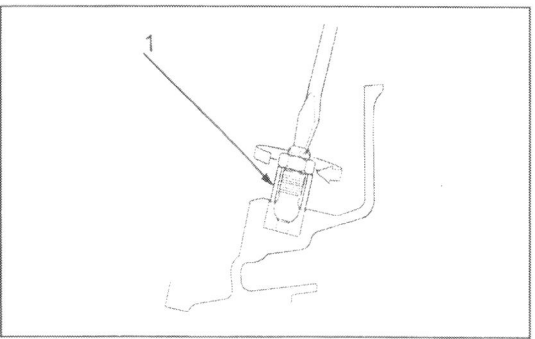

**Bild 100**
Einstellschraube entfernen
1 Passhülse

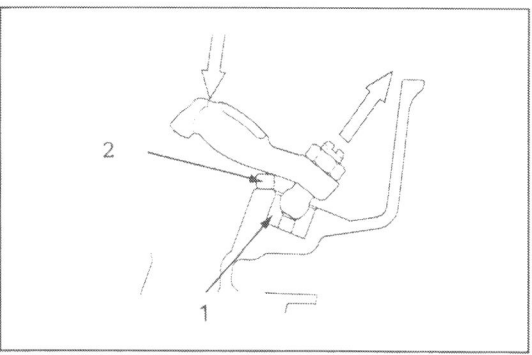

**Bild 101**
Schlepphebel samt Einstellschraube entfernen
1 Einstellschraube
2 Hartholz

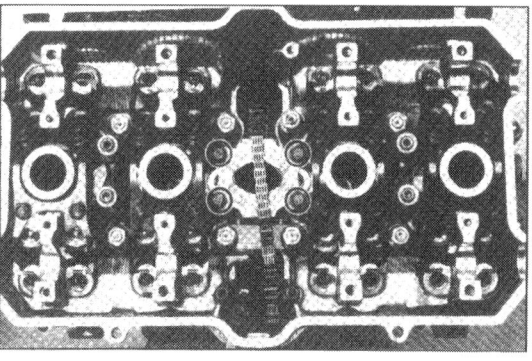

**Bild 102**
Steuerkettenspanner lösen

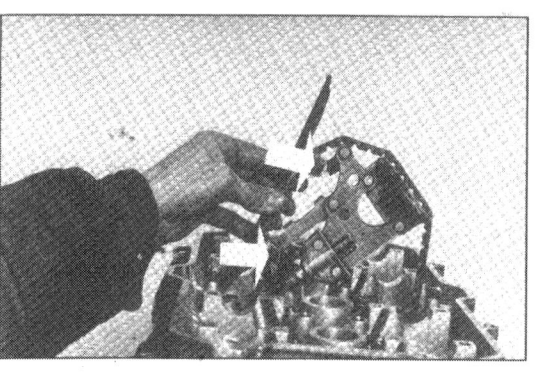

**Bild 103**
Sicherungssplinte entfernen

tern lösen und Hebel durch Drehen der Einstellschrauben entfernen. Einstellschrauben wie in Bild 100 gezeigt entfernen. Falls Gewinde beschädigt, siehe Bild 101.
● Steuerkettenspanner lösen (Bild 102) und Splinte lösen (Bild 103).
● Muttern und Schrauben in Bild 104 schrittweise über Kreuz (von aussen nach innen) lösen und Zylinderkopf anheben. Falls Zylinderkopf festgebacken, helfen leichte Gummihammerschläge in der Gegend von Ein- und Auslass, um den Kopf

**Bild 104**
Muttern schrittweise über Kreuz lösen

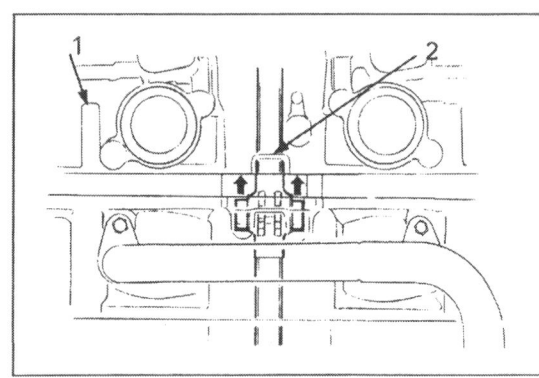

**Bild 105 ▶**
1 Zylinderkopf
2 Kettenschiene

**Bild 106**
Handelsüblicher Ventilfederspanner

**Bild 107**
Schraube SW 10 nicht vergessen

**Bild 108**
Sicherungsringe auspopeln

**Bild 109 ▶**
Ringe so wenig wie möglich aufbiegen

zu lockern. Auf Verbleib der zwei Passhülsen achten!

● Sobald der Zylinderkopf etwas angehoben ist, feste Steuerkettenschiene entfernen, siehe Bild 105.

● Mit Ventilfederspanner (siehe Bild 106) Ventilfedern demontieren.

● ⚠ Federn nicht weiter zusammendrücken, als zum Entfernen der Keile nötig ist, da sonst Federn frühzeitig erlahmen.

● ⃞TIP⃞ Der Ventilausbau ist mit folgendem Trick auch ohne Ventilfederhalter möglich: Nuss mit passendem Durchmesser auf Aussenfeder legen, mit Hammerschlägen Feder samt Teller niederdrücken, bis Ventilkeile herausfallen. Beim Einbau kann man sich mit einer umfunktionierten Ständerbohrmaschine und passendem «Mundstück» behelfen.

● Vor Entnahme der Ventile, Ventilkeilnuten auf Aufwerfungen oder Grate untersuchen. Gegebenenfalls mit feinem Ölstein Grate entfernen.

● Ventilschaftdichtungen mit Kombizange abziehen.

## 4.8 Zylinder/Kolben

● Bevor der Zylinder durch bedachte Gummihammerschläge bei Festsitz gelockert und ganz nach oben abgezogen wird, Schraube SW 10 (Bild 107) lösen. Sobald Zylinderblock freikommt, Zylinderbohrung mit Putzlappen bedecken, damit

Bruchstücke eines eventuell gebrochenen Kolbenrings nicht ins Kurbelgehäuse fallen.
● Kolbenbolzen-Sicherungsring ausheben, siehe Bild 108.
● Kolbenbolzen von Hand herausdrücken. Falls schwergängig, handelsüblichen Bolzenausdrücker verwenden.
● ⚠ Kolbenbolzen keinesfalls mit Durchschlag austreiben, die Pleuel sind schnell krummgeschlagen!
● Kolben für den späteren Einbau mit Fettstift numerieren und Einbaurichtung markieren.
● Kolbenringe von Hand etwas aufweiten und über Kolben schieben. Ringe so wenig wie möglich aufbiegen, um sie nicht zu deformieren oder gar zu brechen, siehe Bild 109.

## 4.9 Ölpumpe

Bild 110
Ölwanne entfernen

Die Ölpumpe kann auch bei eingebautem Motor, nach Ölablassen und Auspuffanlagendemontage, ausgebaut werden.
● Ölwanne demontieren (16 Schrauben SW 10 / siehe Bild 110).
● Ölleitungen, Ansaugglocke und Überdruckventil (siehe Bild 111) von Hand entnehmen bzw. Anschluss-Flansche ausdrehen.
● Ölpumpenantriebskettenrad (SW 10) und drei Befestigungsschrauben lösen, siehe Bild 112. Auf Verbleib der Passhülsen und des O-Rings achten!
● Drei Sechskantschrauben SW 10 lösen und Pumpengehäuse trennen.
● Überdruckventil nach Entfernen des Sicherungssplints demontieren.

Bild 111
Ölleitungen, Überdruckventil und Ansaugglocke

## 4.10 Balancer

● Wellensicherungsschraube (Nr. 1 in Bild 114) und Halteschraube ausdrehen. Balancer-Welle ausziehen.
● ⚠ Balancer-Gewicht lässt sich nur in bestimmter Stellung aus dem Gehäuse entnehmen, keine Gewalt anwenden! Anlaufscheiben links und rechts sind ausgespart, um an vorderen Hauptlagerschrauben vorbeizupassen.

## 4.11 Schaltautomat und -Walze

● Ritzel demontieren, siehe Seite 32, und Deckel (Bild 115) demontieren.

Bild 112
Ölpumpe eingebaut

37

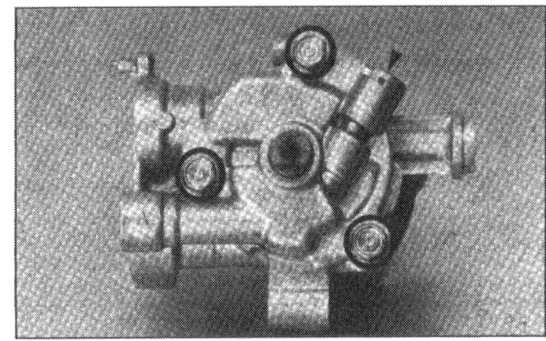

**Bild 113**
Ölpumpe und
Überdruckventil

**Bild 114**
Balancer-Welle
1 Wellensicherungsschraube
2 Klemmschraube
3 Halteschraube
4 Hauptlagerschrauben

- Schaltwelle und Schaltsegment entnehmen, siehe Bild 116.
- Federbelastete Schaltwalzenarretierung und Schaltwalzen-Anschlagblech demontieren, siehe Bild 117.
- Nur ältere Ausführung: Sicherungsblechlasche an mittlerer Schaltgabel flachbiegen, Schraube ausdrehen und Schaltgabelwelle ausziehen, siehe Bild 118.
- Nur neuere Ausführung: Mittlere Schaltgabel ist auf der Welle frei beweglich, Gabelwelle wird von Anschlagblech (mit zwei Schrauben SW 10) gehalten.
- Schaltwelle ausziehen, siehe Bild 119.

### 4.12 Kurbelgehäuse

- Drei Schraubverbindungen wie in Bild 120 eingekreist, lösen.
- Dreissig Schraubverbindungen wie in Bild 121 eingekreist, lösen.
- ⚠ Schrauben in zwei bis drei Durchgängen von aussen nach innen lösen, um Gehäuse-Verzug zu vermeiden.
- Untere Gehäusehälfte von oberer abnehmen.
- ⚠ Nichts zwischen Gehäusehälften stemmen. Leichte Gummihammerschläge helfen beim Trennen der Gehäusehälften.

### 4.13 Getriebe

Die Getriebewellen lassen sich ohne Spezialwerkzeug einfach mit Seegeringzange und kleinem Schraubendreher zerlegen. Einzelteile in Reihenfolge des Ausbaus aufbewahren und notieren.

- Getriebewellen entnehmen.

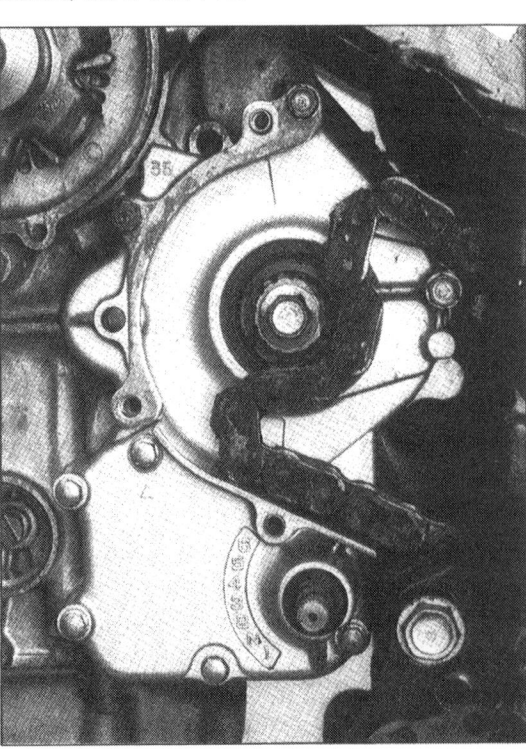

**Bild 115**
Verschiedene Ausführungen der Deckelverschraubung auch innerhalb einer Typenreihe möglich. Pfeil im Deckel weist auf Schraube mit Kupferdichtscheibe

**Bild 116 ▶**
Schaltwelle entnehmen

**Bild 117** ◄
Schaltwalzenarretierung entnehmen

**Bild 118**
Schraube SW 10 (Pfeil) lösen

**Bild 119**
Schaltwalze entnehmen

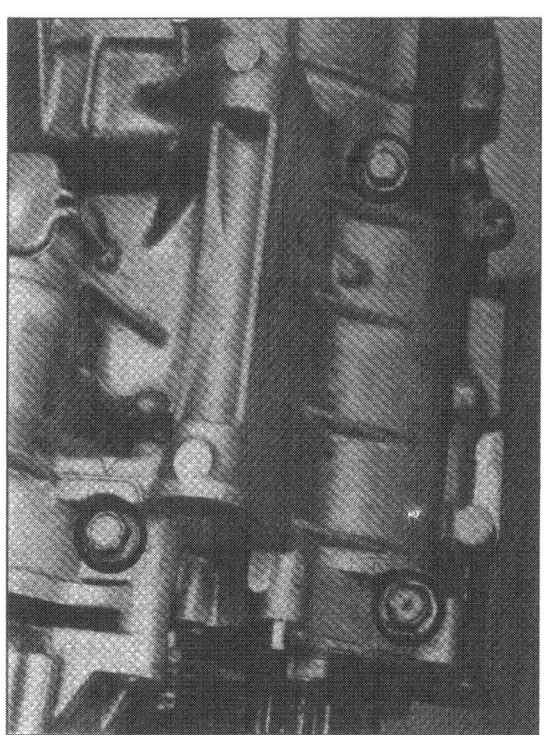

**Bild 120** ◄
Kurbelgehäuse von oben

**Bild 121**
Kurbelgehäuse von unten

## 4.14 Anlasserfreilauf, Lima-Antrieb und Kurbelwelle

- Lima-Kettenspanner lösen (drei Schrauben SW 10, siehe Bild 244) und Spanner entnehmen.
- Lichtmaschinenrotor blockieren und Mutter SW 14 in Bild 122 lösen.
- Lichtmaschinenbasis lösen, siehe Bild 77.
- Anlasserantriebsrad nach Demontage von Wellenhalter und Welle entnehmen, Bild 123.

**Bild 122**
Mutter SW 14 lösen

39

**Bild 123**
Mutter SW 10 lösen

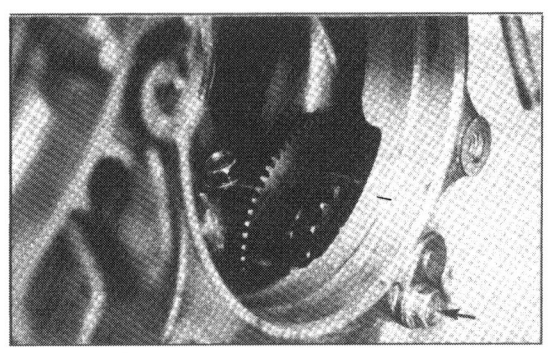

**Bild 124**
Bremssattel
neuere Ausführung
1 Entlüftungsventil
2 Zapfenschraube
3 Bremsklotzstift

**Bild 125**
Umlenkhebelei mit dauergeschmierten Nadellagern

● Kurbelwelle komplett entnehmen und Pleuel nach Lösen der Pleuelschrauben abnehmen.

## 4.15 Heckpartie

### 4.15.1 Laufrad

● Kette entspannen, siehe Seite 21, Bilder 33 und 34. Beide Einstellmuttern um die gleiche Anzahl von Umdrehungen herausdrehen und Anzahl notieren.

● Achse ausziehen und Kette abheben. Auf Distanzhülsen links und rechts achten! Rad herausführen.

● Kettenblattträger (Abtriebsflansch) mit Gummihammer heruntertreiben.

● Zum Entfernen des Kettenblattes sechs Muttern SW 14 lösen.

Demontage von Staubdichtring, Bremsscheibe und Radlager sind auf Seite 42, Kapitel 4.16.2 beschrieben.

### 4.15.2 Bremssattel

Frühe Ausführung:
● Halteschraube des Sicherungsblechs der Bremsklotzstifte (Nr.2 in Bild 41) ausdrehen und Sicherungsblech abnehmen. Bremsklotzstifte mit Zange ausziehen oder mit Durchschlag austreiben. Schraubzapfen (Nr.3 in Bild 41) ausdrehen und Bremssattel abnehmen. Bremsklötze entnehmen.

Neuere Ausführung:
● TIP Bremsklötze können gewechselt werden, ohne den Bremssattel abzunehmen.

● Abdeckung des Bremsklotzstifts und Bremsklotzstift ausdrehen, siehe Bild 124. Bremsklötze entnehmen.

● Um Bremssattel komplett abzunehmen, Zapfenschraube (Nr.2 in Bild 124) ausdrehen und Sattel abnehmen.

● Bremskolben durch Pumpen am Pedal ausdrücken.

● ⚠ Geeignetes Auffanggefäss für austretende Bremsflüssigkeit unterstellen!

● Staubdichtungen und Kolbendichtringe hineindrücken und mit Schraubendreher «auspopeln», wobei diese zerstört werden.

● TIP Einmal ausgebaut, sind Kolbendichtringe Schrott; zur Montage nur Neuteile verwenden.

● ⚠ Vorsicht beim Entfernen der Dichtringe, Kolbengleitflächen nicht beschädigen!

### 4.15.3 Federbein

Federbein nach Demontage des linken Auspufftopfs ausbauen.

● Gelenkstange vom Rahmen lösen, siehe Bild 125.

● Gelenkhebel von Federbein lösen und obere Federbeinbefestigung lösen. Federbein nach rechts unten herausführen.

● Distanzbuchsen in Gelenkstange und Hebelgelenk lassen sich von Hand ausdrücken. Lagerbuchsen selbst mit passendem Dorn austreiben.

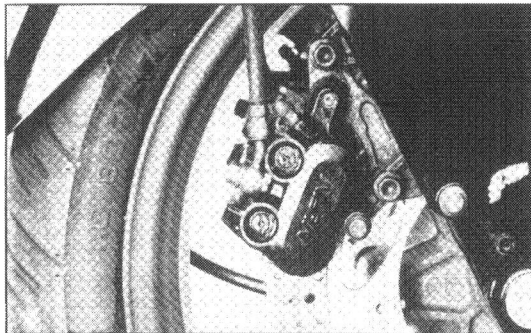

**Bild 126**
Selbstsichernde Mutter ausdrehen

**Bild 127**
Zwei Stopfen ausdrehen

Die Beseitigung eines verschlissenen Federbeines ist Sache der Honda-Werkstatt. Auf keinen Fall einfach zum Schrott werfen!
● ⚠ Stossdämpfer enthält hochkomprimiertes Stickstoffgas und Öl! Das unter hohem Druck stehende Federbein kann bei unsachgemässer Beseitigung schwere Verletzungen verursachen!

### 4.15.4 Schwinge

Nur neuere Ausführung: Drehzapfenabdeckung (zwei Innensechskantschrauben SW 5) entfernen.
● Selbsichernde Mutter der Schwingachse lösen, siehe Bild 126.
● Achse ist meist schwergängig, also Schwinge durch «Untermauern» oder Helfer entlasten. Auf die über min. 5 Gewindegänge aufgeschraubte Mutter kurzen trockenen Schlag mit Gummihammer geben und so Schwingachse lösen. Achse nach links herausziehen und Schwinge nach hinten herausführen.

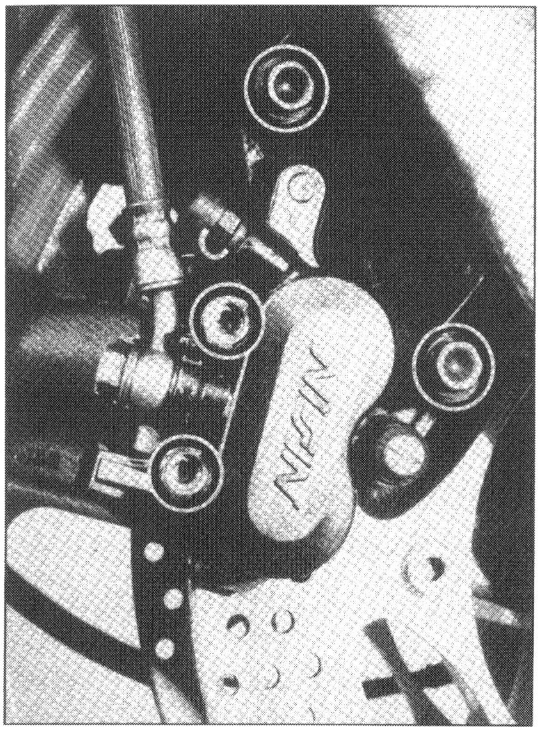

## 4.16 Frontpartie

Vor Beginn der Arbeiten für sicheren Stand der CBR sorgen und mit Kiste oder ähnlichem so unterbauen, dass die Maschine nicht unversehens nach vorne kippt.

### 4.16.1 Bremssattel und Geberzylinder

Nur neuere Ausführung:
Bremsklötze können wie hinten bei eingebautem Bremssattel gewechselt werden.
● Abdeckung des Bremsklotzstifts und Bremsklotzstift ausdrehen, Bremsklötze herausziehen.
● Bremssattel nach Demontage der Bremssattelschrauben abnehmen.
Nur ältere Ausführung:
● Abdeckung der Bremsklotzstifte und Bremsklotzstifte ausdrehen, siehe Bilder 127 und 128.
● Zapfenschrauben der Bremssättel ausdrehen,

**Bild 128**
Bremsklotzstifte und Zapfenschrauben ausdrehen

**Bild 129**
Ältere Ausführung mit Anti-Dive

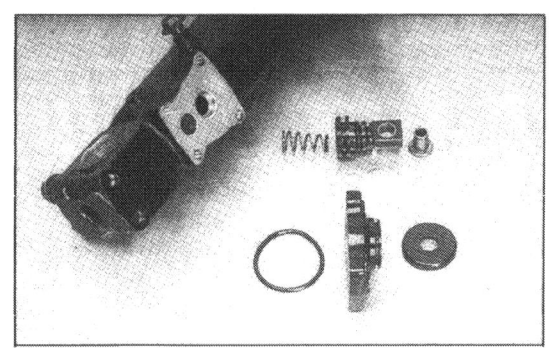

**Bild 130**
Einzelteile Anti-Dive

**Bild 131**
Zuerst Achsklemmschrauben lösen, dann Achsschraube

**Bild 132**
Bremssättel lösen und raus mit dem Rad

**Bild 133**
Wellendichtring ausheben

**Bild 134**
Lager austreiben

**Bild 135**
Gabelöl ablassen

Sättel abnehmen und Klötze entnehmen.
● Am linken Gabeltauchrohr zum Bremsklotzwechsel Innensechskantschraube SW 5 am Anti-Dive-Kolben lösen und Sattel wegklappen, siehe Bild 129.
● Anti-Dive-Baueinheit (siehe Bild 130) ist nach Ausdrehen von vier Innensechskantschrauben SW 3 abnehmbar.
● Demontage der Bremskolben ist auf Seite 40 beschrieben.
● Bremsflüssigkeit ablassen: Siehe Kapitel 3. Wartung, Seite 22.
Beim Zerlegen der Geberzylinder gelten natürlich dieselben Vorsichtsmassnahmen in punkto Bremsflüssigkeit wie beim Wechsel der Flüssigkeit.
● Staubkappe mit zarter Spitzzange «herauspopeln» und Sicherungsring mit entsprechender Zange entfernen. Es folgen Kolben und Feder, siehe Bild 221.

### 4.16.2 Laufrad

Bremssättel müssen demontiert sein, siehe Bild 132.
● Tachowelle: Halteschraube (Kreuzschlitz) ausdrehen und Welle ausziehen.
● Am rechten Tauchrohr zwei Achsklemmschrauben SW 10 lockern und Achsschraube ausdrehen, siehe Bild 131. Links zwei Achsklemmschrauben lösen. Achse ausziehen und Rad entnehmen.
● Rechts Tachometerantriebsdeckel und -schnecke entnehmen. Rechts auf Distanzstück achten.
● Wellendichtringe (Staubdichtungen) links und rechts wie in Bild 133 gezeigt ausheben.
● Bremsscheibe (6 Innensechskantschrauben SW 5) lösen und abnehmen. Austreiben der Radlager siehe Bild 134.

### 4.16.3 Teleskopgabel

Vor Gabeldemontage Gabelöl ablassen, siehe Bild 135.

● ⌐TIP⌐ Einfedern der Gabelbeine beschleunigt zwar Ölablauf, doch tritt Gabelöl unter Druck fast waagerecht aus Ablassbohrung heraus.
● Vier Innensechskantschrauben SW 6 der Gabelklemmfäuste lösen und Gabelbeine nach unten herausziehen, eventuell unter Hin- und Herdrehen.
● Obere Gabelverschlussschraube entfernen (auf O-Ring achten), es folgen Vorspann-Zwischenstück und Sitzscheibe (von Hand entnehmen).
● Staubdichtung demontieren und Anschlagfederring ausheben, siehe Bilder 136 und 137.
● Untere Gabelverschlussschraube (Innensechskant SW 6) ausdrehen, siehe Bild 138.
● Tauchrohr gut geschützt in Schraubstock spannen und Standrohr nach Ziehhammer-Prinzip samt Wellendichtring und Stützring ausziehen.
● Gleitbuchsen von Stand- und Tauchrohr und Kolbenring des Dämpferkolbens, der jetzt aus dem Tauchrohr rausgeschüttelt wird, lassen sich leicht von Hand demontieren, ist jedoch zur Sichtprüfung nicht nötig.
● ⚠ Standrohrbuchse nur entfernen, falls sie erneuert wird.

Nur neuere Ausführung, siehe Bild 215 / Seite 68:
● Obere Gabelverschluss-Schraube lösen, Verschluss-Schraube unter Gegenhalten der Sicherungsmutter von Kolbenstange (Nr. 12 in Bild 215) entfernen.
● Federhülse niederdrücken und Sitzanschlagblech unter Sicherungsmutter herausziehen.
● Wie bei früher Ausführung Federsitz, Vorspannhülse und Feder entnehmen.
● Wie bei früher Ausführung Staubdichtung, Sprengring und untere Gabelverschluss-Schraube entfernen.
● Gabelkolben/Kolbenstangen-Einheit aus Tauchrohr entnehmen.
● ⚠ Auffanggefäss bereitstellen und restliches Gabelöl durch 8–10maliges Pumpen mit der Kolbenstange herausbefördern.
● Sicherungsmutter auf der Kolbenstange entfernen und Endstück in Gabelkolben einschieben, um Platz zum Auspopeln des Anschlag-Sicherungsrings zu schaffen.
● Endstück (Nr. 16 in Bild 215) mit der Kolbenstange langsam ausdrücken.
● ⚠ Nicht gegen das Kolbenstangenende schlagen – Stange und Endstück können Schaden nehmen.
● Kolbenstange und Rückprallfeder entnehmen.
● ⚠ Endstück und Kolbenstange nicht zerlegen.

## 4.16.4 Lenkkopflager

Zum Ausbau der Lenkkopflager die zur Spieleinstellung notwendigen Vorarbeiten wie auf Seite 25

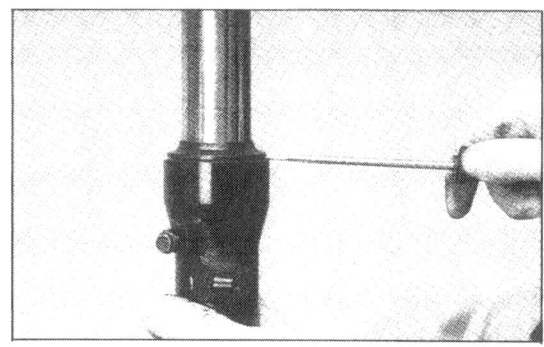

**Bild 136**
Schutzkappe ausheben

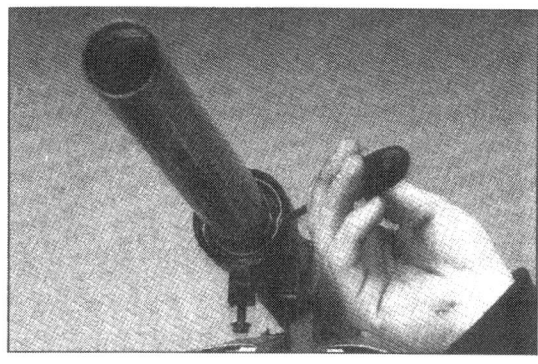

**Bild 137**
Federring ausheben

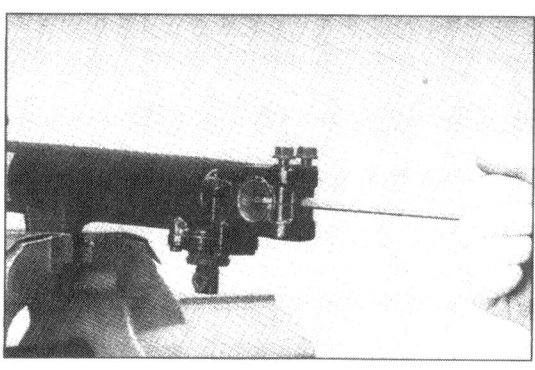

**Bild 138**
Untere Gabelverschluss-Schraube lösen

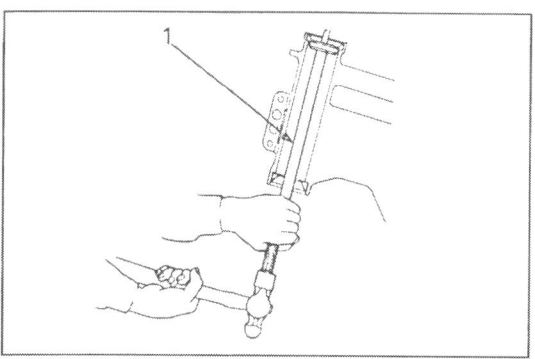

**Bild 139**
Laufringe austreiben
1 Laufringaustreiber

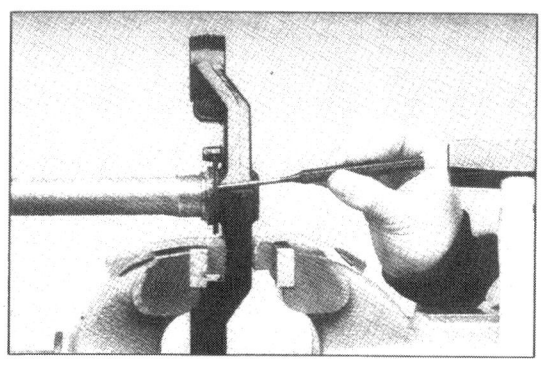

**Bild 140**
Laufring austreiben

beschrieben ausführen und Gabelbeine ausbauen.
- Einstellmutter ganz ausdrehen. Untere Gabelbrücke/Gabelschaftrohr nach unten entnehmen.
- Lagerschalen oben und unten im Lenkkopf mit entsprechend langem und kräftigem Dorn von oben bzw. unten mit Stahlhammerschlägen schrittweise über Kreuz austreiben. Nicht verkanten und so den Lagersitz aufweiten, siehe Bild 139.
- Unteren Laufring mit Hammer und Durchschlag vom Sitz treiben. Mit kräftigem Schraubendreher gegenhebeln. Dabei wird darunterliegende Staubdichtung zerstört, siehe Bild 140.

# 5 Prüfen und Vermessen

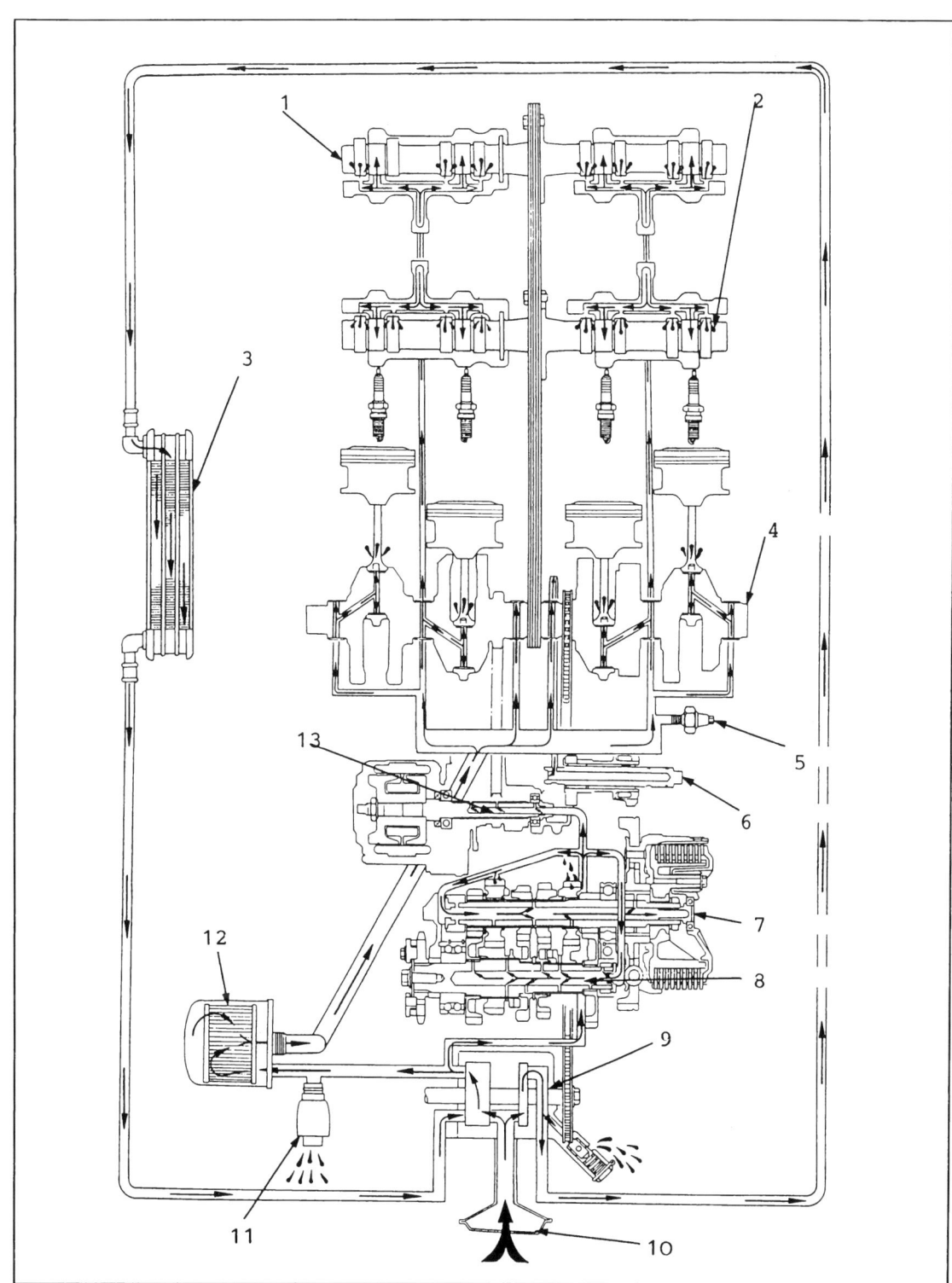

**Bild 141**
Ölkreislauf
1 Auslassnockenwelle
2 Einlassnockenwelle
3 Ölkühler
4 Kurbelwelle
5 Öldruckschalter
6 Balancer-Welle
7 Hauptwelle
8 Nebenwelle
9 Ölpumpe
10 Ölsieb
11 Überdruckventil
12 Ölfilter
13 Lichtmaschinenwelle

**Bild 142**
Aussenrotor/Gehäuse-Spielmessung (max. 0,35 mm)

**Bild 143**
Spiel an den Rotorspitzen max. 0,2 mm

**Bild 144**
Axialspiel max. 0,10 mm

**Bild 145**
Schwimmerhöhe messen

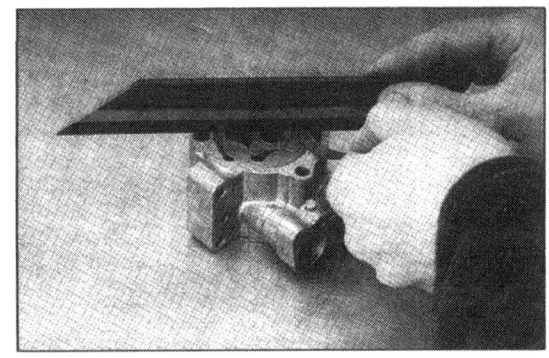
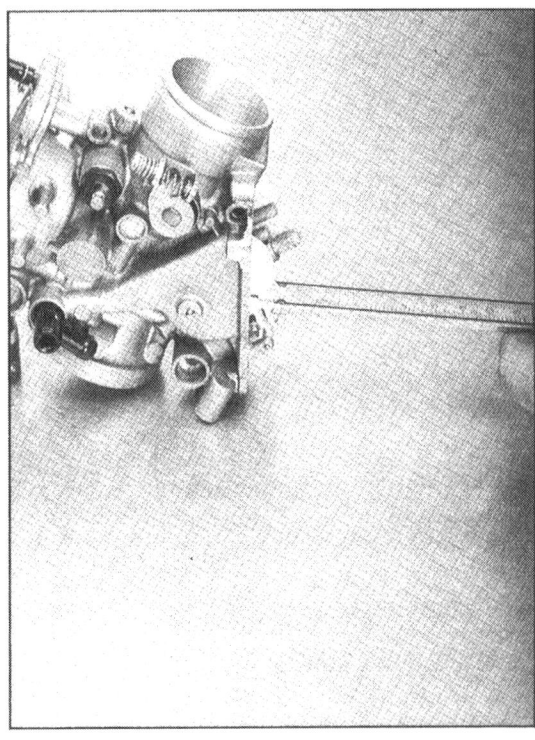

Die ganze Arbeit des Zerlegens nützt wenig, wenn die Teile nur nach augenscheinlicher Begutachtung wieder zusammengebaut werden.
Leider aber stösst der Privatmann beim Vermessen schnell an seine Grenzen, denn mit Mess-Schieber und Haarlineal ist es nicht getan.
Nicht viele haben ihre private Werkstatt mit Messuhr, Messdornen oder Mikrometern in verschiedenen Weiten ausgerüstet, und es muss jeder für sich entscheiden, ob sich die Anschaffung dieser teuren Geräte lohnt.
Ganz spezielle Utensilien sind aber auch für Leute mit normalem Geldbeutel erschwinglich, zum Beispiel das «Plastigage», ein feiner Kunststoffstreifen, mit dem das Spiel in Gleitlagern gemessen werden kann.
Richtiges Messen will gelernt sein. Deshalb vertraut der Unerfahrene diese wichtige Arbeit der Werkstatt an.

## 5.1 Ölpumpe

Wenn das Öl als Lebenssaft des Motors gilt, dann ist die Ölpumpe das Herz des Motors. Deshalb entsprechend kritische Messungen vornehmen.

Bei eingeschalteter Zündung (ON) muss die Öldruckkontrolle aufleuchten. Falls Lampe nicht aufleuchtet, folgende Prüfung vornehmen: Kabel vom Öldruckschalter trennen und mit einem Überbrückungsdraht an Masse kurzschliessen. Zündschalter auf ON drehen. Öldruckkontrollampe muss jetzt aufleuchten. Falls nicht: Glühbirne, Nebensicherung (15 A) und Kabel auf Kurzschluss oder Unterbrechung untersuchen. Motor starten und sichergehen, dass Lampe erlischt. Falls nicht, Öldruck überprüfen.

● Öldruck mit Druckmesser am Öldruckschalter prüfen, dazu Adapter zwischenschalten. Bei 80°C Öltemperatur muss der Druck bei 5000/min 600–7000 kPA (6–7 kg/cm²) betragen.

● Förder- und Kühlerpumpe in geöffnetem Zustand mit Fühlerlehre vermessen.

Verschleissgrenze für Spiel zwischen Rotorspitzen beträgt 0,2 mm.
Verschleissgrenze für Spiel zwischen Aussenrotor und Gehäuse beträgt 0,35 mm. Das Axialspiel darf maximal 0,1 mm betragen. Siehe Bilder 142 bis 144.
Falls Verschleissgrenzen überschritten sind, Ölpumpe komplett erneuern. Einzelne Ersatzteile sind nicht erhältlich.
Überdruckventil auf leichtgängige Funktion prüfen. Falls schwergängig: Fachwerkstatt.
Alle Ölleitungen auf Durchgängigkeit prüfen. Falls verstopft: Fachwerkstatt.

## 5.2 Vergaser

- Der Unterdruckkolben darf keine Riefen, Kratzer oder sonstige Beschädigungen aufweisen und muss im Vergasergehäuse ungehindert auf- und abgleiten können. Falls schwergängig: Erneuern.
- Düsennadel darf keine Verbiegung oder sonstige Beschädigungen aufweisen. Membran darf keine porösen Stellen oder Risse haben. Falls defekt: austauschen.
- Leerlaufdüse und Hauptdüse mit Druckluft durchblasen, keinesfalls mit Nadel oder Draht reinigen! Filtersieb am Schwimmerventilsitz nicht mit Druckluft ausblasen, sondern mit weichem Pinsel auswaschen. Schwimmer-Ventilkegel darf keine Riefen oder Kerben haben.
- Schwimmer auf Verformungen oder Kraftstoff im Inneren untersuchen.
- Gemischregulierschraube auf Verschleiss oder Beschädigungen untersuchen.
- Schwimmerstand mit Mess-Schieber bei geschlossenem Schwimmerventil messen. Abstand Schwimmer/Gehäusekante muss bei anliegendem Ventilkegel, jedoch nicht eingedrückter Ventilfeder, 9 mm betragen. Korrekturen durch Nachbiegen der Schwimmerzunge vornehmen, siehe Bild 145.

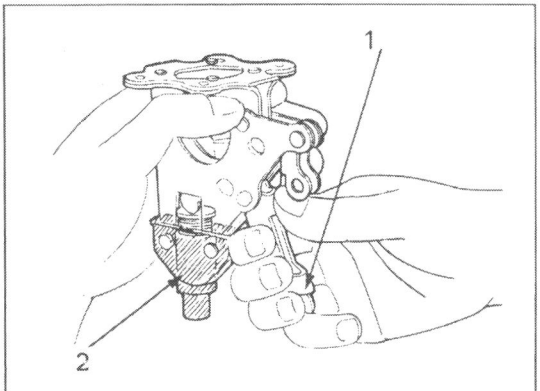

**Bild 146**
Steuerkettenspanner
1 Spannerarm
2 Ölkammer

## 5.3 Ventiltrieb

Federspannung des Steuerkettenspanners durch Bewegen des Spannerarms prüfen.
- Plunger durch langsames Bewegen des Spannerarms mit Öl befüllen. Spanner ist in Ordnung, wenn der Arm bei schneller Bewegung sperrt, siehe Bild 146.
- Steuerketten-Führungsschienen auf Beschädigung und übermässigen Verschleiss prüfen.
- Schlepphebel auf Verschleiss an Nockengleitflächen untersuchen.
- Spiel der Nockenwellenlager mit Kunststoff-(Plastigage)-Streifen messen (Verschleissgrenze 0,12 mm). Dazu Streifen ins ölfreie geöffnete Lager legen, Lager schliessen und mit vorgeschriebenem Drehmoment anziehen. Welle nicht drehen! Nach Wiederöffnen Lagerspiel an Quetschbreite des Streifens ablesen (je breiter der Streifen, desto geringer das Spiel). Bei Überschreiten der Verschleissgrenze Nockenwelle austauschen und Lagerspiel erneut überprüfen. Falls Spiel noch immer Verschleissgrenze überschreitet, Zylinderkopf und Lagerbock auswechseln, oder im Fachbetrieb in teueren Spezialverfahren ausgebuchsten oder aufgeschweissten, siehe Bild 147.
- Lagerflächen und Nockenwellen auf Riefen, Beschädigungen oder Anzeichen unzureichender Schmierung untersuchen. Ölbohrungen dürfen nicht verstopft sein.
- Mit Messuhr Höhenschlag der Nockenwelle prüfen (Verschleissgrenze 0,03 mm), siehe Bild 148. Mit Mikrometer Nockenhöhe messen (Verschleissgrenze Einlass 35,55 mm, Auslass 35,43 mm). Laufflächen der Nocken dürfen weder Riefen noch sonstige Beschädigungen aufweisen.

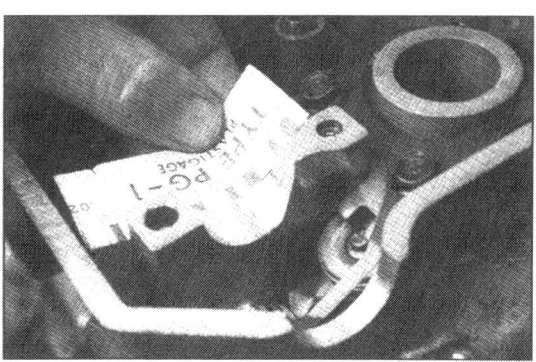

**Bild 147**
Plastigage-Spielmessung

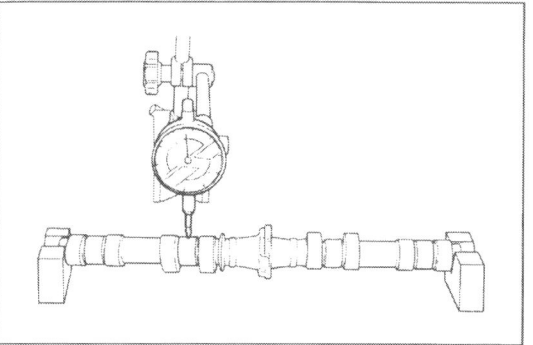

**Bild 148**
Nockenwellen-Rundlauf prüfen: max. 0,03 mm

## 5.4 Zylinderkopf

- Aus den Brennräumen alle Ölkohle-Ablagerungen entfernen. Im Bereich der Zündkerzenlöcher und Ventilsitze auf Risse kontrollieren.
- Mit Haarlineal Zylinderkopf und Zylinder-

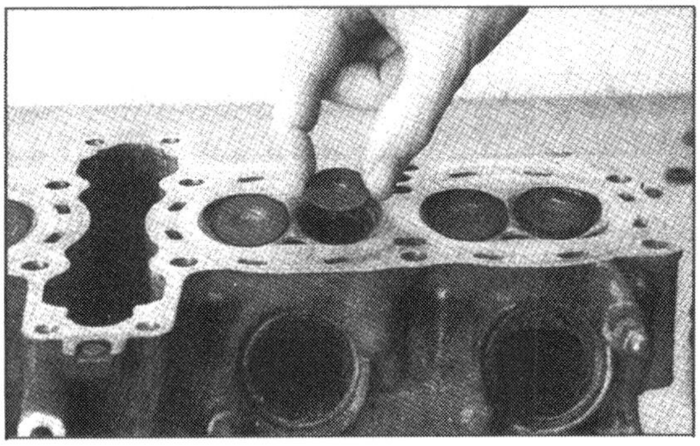

**Bild 149**
Prüfmethode für unterwegs: Hier darf's nicht gerade wie ein Lämmerschwanz wackeln

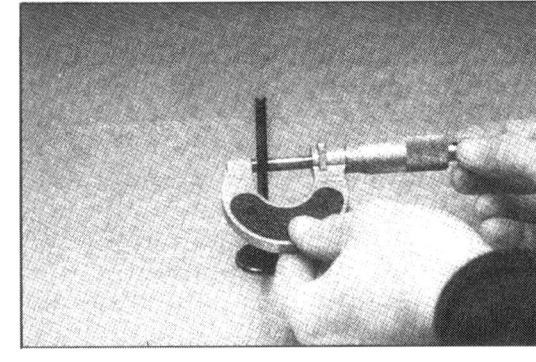

**Bild 150**
Verschleissgrenze:
Einlass 5,47 mm
Auslass 5,45 mm

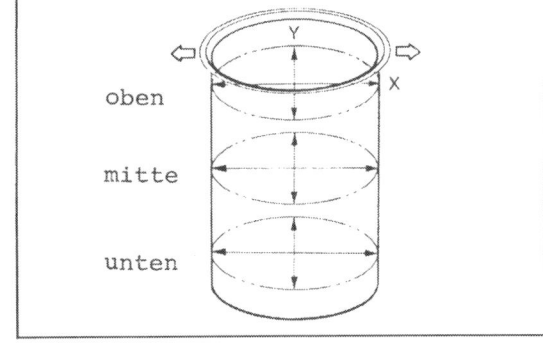

**Bild 151**
Verzug und Konizität messen

**Bild 152**
Höhenspiel der Kolbenringe messen

**Bild 153**
Ring muss ohne Stocken durchrollen

dichtfläche in mehreren Richtungen auf Verzug prüfen (Verschleissgrenze 0,07 mm).
● 🗜 Ungespannte Länge der inneren und äusseren Ventilfedern messen (Verschleissgrenze/Innenfeder 41,8 mm, Aussenfeder 45,7 mm).
● 👁 Jedes Ventil auf Verbiegung, Kratzer und anormalen Verschleiss am Schaft untersuchen. Ventilsitz muss glattes und riefenfreies Tragbild zeigen. Ventile sollen laut Honda nicht nachgeschliffen werden, abgesehen davon, dass Ventilschleifmaschinen sehr teuer und nur in wirklich guten Fachbetrieben zu finden sind. Falls Sitzfläche am Ventilteller verbrannt oder ungleichmässigen Kontakt mit Ventilsitz hat, Ventil erneuern. Jedes Ventil muss in seiner Führung sauber gleiten, siehe Bild 149.
● 🗜 Durchmesser der Ventilschäfte messen, siehe Bild 150.
Mit Kugellehre, Messdorn oder Innenmikrometer den Innendurchmesser der Ventilführungen messen, zuvor sorgfältig alle Ölkohlereste an den Ventilschäften und Tellern entfernen, um Mess-Ergebnis nicht zu verfälschen (Verschleissgrenze 5,55 mm).
Verschleissgrenze des Spiels zwischen Ventilschaft und -führung beträgt für Einlass 0,07 mm/ Auslass 0,09 mm. Falls grösser, prüfen, ob Einbau neuer Führung mit Standard-Abmessungen Spiel wieder in Toleranz bringt. Wechseln der Ventilführungen einer dafür ausgerüsteten Fachwerkstatt überlassen, da gleichzeitig Ventilsitze nachgeschliffen werden müssen.
Grobe Wertstattprüfmethode der Ventilsitze:
● 👁 Steht ein Ventil im Verdacht, nicht einwandfrei abzudichten, bei eingebautem Ventil in den Ansaug- oder Auslasskanal Benzin giessen → am Ventil darf nichts auslaufen.
● TIP Mit etwas Glück reicht es, Ventil neu einzuläppen.
● Läppmittel auf Ventilsitz auftragen, Ventil von innen mit speziellem Gummisauger unter leichtem Druck (2–3 kg) quirlen. Läppmittel darf nicht zwischen Ventilschaft und Führung geraten! Genügt Nachläppen nicht zum Abdichten, Ventil erneuern oder Dichtfläche in Fachbetrieb überschleifen lassen.
● ⚠ Ist Ventilsitz im Zylinderkopf zu breit oder zu schmal, Sitz in Fachwerkstatt neu fräsen lassen, Ventilsitzbreite 0,9–1,1 mm, Verschleissgrenze 1,5 mm.
Fräswinkel werden von Honda mit 32°, 45° und 60° angegeben.

## 5.5 Zylinder und Kolben

● 🗜 Zylinderdurchmesser an den in Bild 151

angegebenen Punkten messen (Verschleissgrenze 77,10 mm). Kolbenlauffläche darf keine Fress-Spuren oder Ausbrüche aufweisen. Maximal zulässige Ovalität und Konizität 0,05 mm.

● Aussen-∅ des Kolbens 10 mm von der Unterkante und 90° zur Bolzenbohrung messen. Verschleissgrenze: 76,85 mm.

● ⚠ Laufspiel des Kolbens (grösster Zylinder-∅ abzüglich Kolben-∅) darf maximal 0,10 mm betragen.

Für den Fall einer Reparatur werden von Honda Übermasskolben angeboten. Einbauspiel neuer Kolben beträgt 0,010–0,050 mm. Zylinder entsprechend aufbohren lassen.

● Mit Fühlerlehre Spiel zwischen Kolbenring und Ringnut messen, siehe Bild 152. Verschleissgrenze an beiden Kolbenringen 0,10 mm. Kolbenring muss frei wie in Bild 153 gezeigt, ohne zu klemmen, durchrollen.

● Kolbenringe einzeln in Zylinder schieben und mit Kolben ausrichten. Mit Fühlerlehre Stoss-Spiel ausfühlen, siehe Bild 154. Verschleissgrenze erster und zweiter Kolbenring 0,65 mm, Ölabstreifring (Seitenschiene) 1,10 mm.

● Innendurchmesser der Kolbenbolzenbohrung abgreifen (Verschleissgrenze 20,06 mm). Aussendurchmesser des Kolbenbolzens messen (Verschleissgrenze 19,98 mm). Spiel zwischen Kolben und Kolbenbolzen darf maximal 0,04 mm betragen, siehe Bild 155.

● Mit Haarlineal und Fühlerlehre Planfläche auf Verzug prüfen (Verschleissgrenze 0,07 mm).

● Innen-∅ des oberen Pleuelauges messen, Verschleissgrenze 20,08 mm. Laufspiel des Kolbenbolzens (Innen-∅ des oberen Pleuelauges abzüglich Aussen-∅ des Kolbenbolzens) berechnen, Verschleissgrenze 0,06 mm.

## 5.6 Kurbelwelle und Pleuel

● ⚠ Vor Ausbau der Pleuel, Seitenspiel der Lagerung messen (Verschleissgrenze 0,30 mm), siehe Bild 156.

● Kurbelwelle nach Ausbau in Prismenblöcke legen, mit Messuhr am mittleren Hauptlagerzapfen Schlag messen. Dabei beachten, dass tatsächlicher Schlag nur der Hälfte des angezeigten Wertes entspricht (Verschleissgrenze 0,03 mm).

● Alle Lagerschalen auf Beschädigungen, Ausbrüche und sonstige Fehler untersuchen.

● Mit Plastigage-Streifen Spiel von Kurbelwellen-Hauptlager und Pleuellager bestimmen.

● Öl von Lagerschalen und Kurbelwellenlagerzapfen entfernen, Kurbelwelle vorsichtig absen-

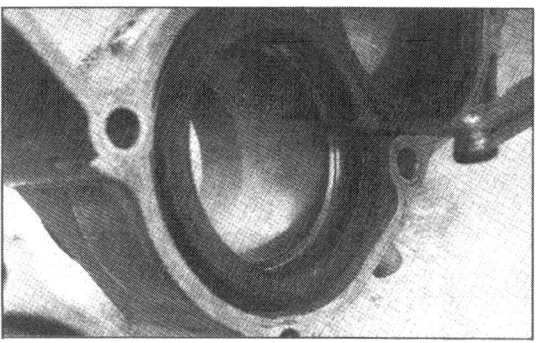

**Bild 154**
Ringspalt messen

**Bild 155**
Innen- und Aussen-∅ messen

**Bild 156**
Pleuelfuss-Spielmessung
Verschleissgrenze: 0,3 mm

**Bild 157**
Zwölf Schrauben anziehen
Anzugmoment: 38 Nm

**Bild 158**
Plastigage-Spielmessung

**Bild 159**
Gewicht- und Lagerschalencodes
1 Innendurchmesser-Code Hauptlager
2 Aussendurchmesser-Code Hauptlagerzapfen
3 Aussendurchmesser-Code Kurbelzapfen

Hauptlagerschrauben gemäss Bild 157 montieren.
Nach Demontage ist das Lagerspiel wie in Bild 158 gezeigt bestimmbar, Verschleissgrenze 0,08 mm.
Genauso das Pleuellagerspiel bestimmen:
- Lagerdeckel und Pleuelstangen am richtigen Kurbelzapfen anbringen und gleichmässig anziehen (Anzugsmoment 36 Nm), Verschleissgrenze 0,08 mm.

### 5.6.1 Hauptlagerwahl

Die Buchstaben A, B oder C links an der oberen Kurbelgehäusehälfte sind die Codes für die Hauptlager-Innendurchmesser von links nach rechts. In Bild 159 hat das linke Hauptlager von Zylinder 1 den Innendurchmesser-Code «A».
Aussendurchmesser der Hauptlagerzapfen sind auf linker Kurbelwange, mit den Zahlen 1 und 2 codiert, von links nach rechts angebracht. In Bild 159 hat linkes Hauptlager von Zylinder 1 den Aussendurchmesser-Code «2».
Für Überholung des Hauptlagers kommt nach Tabelle 1 eine «gelbe» Lagerschale in Frage, siehe Tabelle 1.

ken und Mess-Streifen einlegen.
- ⚠ Darauf achten, dass der Kunststoffstreifen nicht über Ölbohrungen gequetscht wird und diese nicht verstopft. Kurbelwelle während der Montage nicht drehen!
- Kurbelgehäusehälften zusammenbauen und

Hauptlagerschalenstärke:
Braun: 1,508–1,512 mm
Grün: 1,504–1,507 mm
Gelb: 1,500–1,503 mm
Rosa: 1,496–1,499 mm

## Hauptlager-Wahltabelle

|  |  | | Kurbelgehäuse-ID-Code-Buchstabe | | |
|---|---|---|---|---|---|
|  |  | | A | B | C |
|  |  | | 39,000 – 39,007 mm | 39,008 – 39,015 mm | 39,016 – 39,024 mm |
| Kurbelwellen-AD-Code-Nummer | 1 | 35,984 – 35,991 mm | Rosa | Gelb | Grün |
|  | 2 | 35,992 – 36,000 mm | Gelb | Grün | Braun |

## Kurbelzapfenlager-Wahltabelle

|  |  | | Kurbelzapfen-AD-Code-Buchstabe | |
|---|---|---|---|---|
|  |  | | A | B |
|  |  | | 39,995 – 40,003 mm | 39,987 – 39,994 mm |
| Pleuelstangen-ID-Code-Nummer | 1 | 43,000 – 43,007 mm | Gelb | Grün |
|  | 2 | 43,008 – 43,015 mm | Grün | Braun |

## 5.6.2 Pleuellagerwahl

Zahlen 1 und 2 an der Stirnseite der Pleuel geben Innendurchmesser der Pleuelstangen an. Entsprechende Codes der Kurbelzapfen-Aussendurchmesser sind mit den Buchstaben A und B auf linker Kurbelwange von Zylinder 1 angegeben, siehe Bild 159.
Lagerschalenwahl ergibt sich aus Tabelle 2.

Lagerschalenstärke:
Braun: 1,492–1,496 mm
Grün:  1,488–1,491 mm
Gelb:  1,484–1,487 mm

## 5.6.3 Pleuelstangenwahl

Falls eine Pleuelstange ausgewechselt werden muss, Stange mit demselben Gewichtscode (von A bis E / siehe Bild 160), wie die ursprüngliche Pleuelstange verwenden. Falls diese nicht zur Verfügung steht, kann Pleuel einer benachbarten Kategorie verbaut werden.

● ⚠ Pleuelstangen, die um zwei oder mehr Klassen voneinander abweichen, nicht zusammen verbauen.

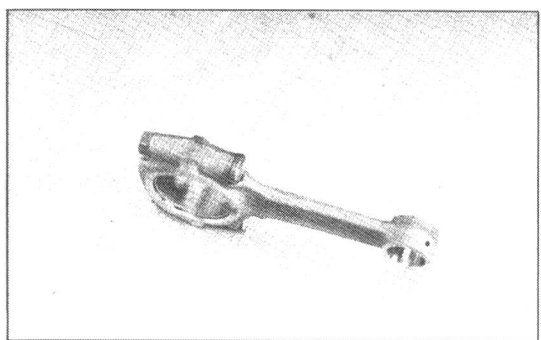

**Bild 160**
Pleuel der Gewichts-Kategorie «C»

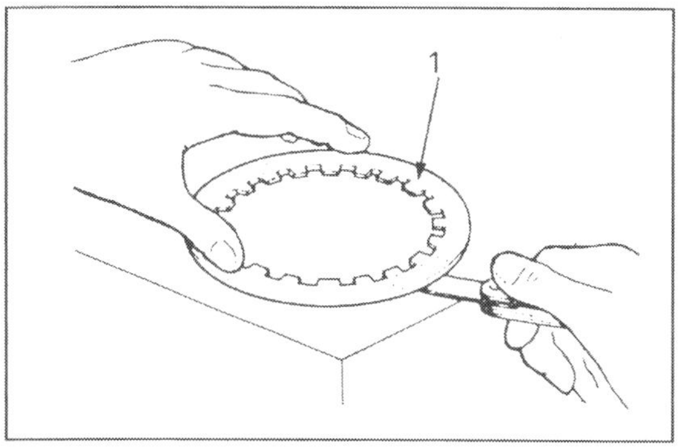

## 5.7 Kupplung

●  Stärke der Kupplungsreibscheiben feststellen. Verschleissgrenze Scheibe (1 Stück / grösserer Innen-⌀) und Scheibe B 3,1 mm. Reibscheiben bei Anzeichen von Riefen oder Verfärbung auswechseln. Stahlscheiben auf Richtplatte mit Fühlerlehre auf Verzug prüfen (Verschleissgrenze 0,30 mm), siehe Bilder 161 und 162.
● Ungespannte Länge der Kupplungsfedern messen, Verschleissgrenze 46,0 mm, siehe Bild 163.
● Schlitze im Kupplungskorb dürfen keine von den Reibscheiben verursachten Riefen, Kerben oder Scharten aufweisen. Eventuell mit Feile «einebnen».
● Hauptwellendurchmesser messen, Verschleissgrenze 27,97 mm. Innendurchmesser der Kupplungskorbführung messen (Verschleissgrenze 28,08 mm), ebenso Innendurchmesser des Kupplungskorbs (Verschleissgrenze 47,10 mm).
● Federsitz und Vibrationsfeder auf Verzug, Verschleiss oder Beschädigung prüfen.
● Druckstange darf keinen Schlag aufweisen.

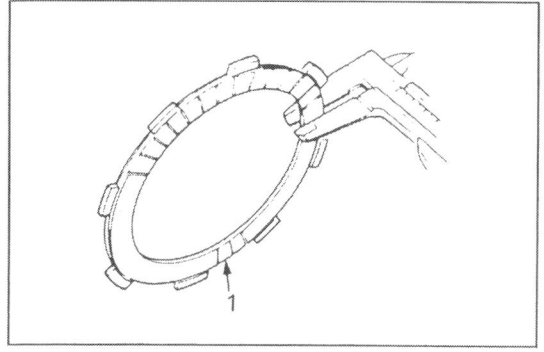

**Bild 161**
Verzug der Stahlscheiben messen

**Bild 162**
Dicke der Belagscheiben messen

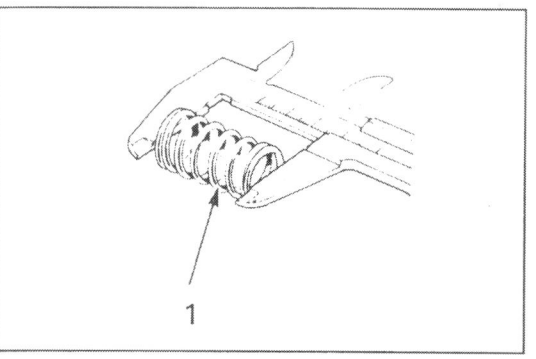

**Bild 163**
Freie Länge der Federn messen

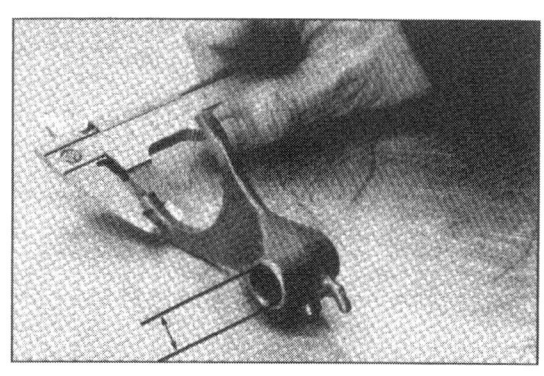

**Bild 164**
Innen-⌀ und Klauenstärke messen

## 5.8 Getriebe und Schaltmechanismus

● ⌕ Klauenstärke der Schaltgabeln messen, Verschleissgrenze 5,1 mm. Innen-∅ der Schaltgabeln messen, Verschleissgrenze 14,04 mm. Aussen-∅ der Schaltgabelwelle bei einer Dicke von 13,90 mm auswechseln. Siehe Bild 164.

● 👁 Schaltgabeln auf übermässigen oder anormalen Verschleiss untersuchen.

**Bild 165**
Innen- und Aussen-∅ messen

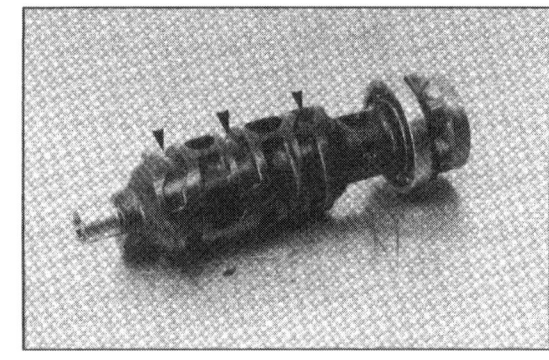

**Bild 166**
Schaltwalze auf Ausbrüche oder Abnutzung der Rillen untersuchen

● 👁 Mitnehmerklauen, -löcher, Zähne der Zahnräder und Rillen der Schaltwalze, siehe Bild 166, auf Verschleiss oder Ausbrüche der Härteschichte untersuchen. Defekte Zahnräder nur im Satz wechseln.

● ⌕ Innendurchmesser der Zahnräder und Buchsen messen, siehe Bild 165, sowie Aussendurchmesser der Buchsen und Wellen messen, Verschleissgrenzen siehe Seite 103.

● 👁 Lager von Hand drehen. Lager müssen leicht und geräuschlos laufen. Festsitz des Lagers auf Welle prüfen. Defekte Lager müssen mit Welle und Zahnrad als Satz gewechselt werden.

## 5.9 Laufräder

● ⌕ Achsen in Prismenblöcke legen, Achsschlag mit Messuhr prüfen. Um tatsächlichen Schlag zu erhalten, gemessenen Wert halbieren, siehe Bild 167. Verschleissgrenze 0,20 mm.

● ⚠ Räder auf Zentrierständer lagern, Seiten- und Höhenschlag mit Messuhr prüfen (Verschleissgrenze jeweils 2,0 mm, siehe Bild 168. Unrund laufende Räder erneuern.

● 👁 Auf Zentrierständer Radunwucht feststellen (einen solchen Stützbock kann man leicht improvisieren oder selbst herstellen. Ein stabiler Schraubstock reicht oft schon aus, um verschraubte Radachse einzuspannen). Wuchtung des Rades nach jedem Reifenwechsel prüfen. Reifen so montieren, dass Ausgleichsmarke – ein Farbpunkt auf der Reifenflanke – genau in Höhe des Ventils steht. Am Vorderrad maximal 70 Gramm Wuchtgewicht (Hinterrad 60 Gramm) anbringen.

● 👁 Innenlaufringe der Radlager mit dem Finger auf einwandfreien und geräuschlosen Lauf prüfen, siehe Bild 169. Aussenlaufring muss fest in der Nabe sitzen.

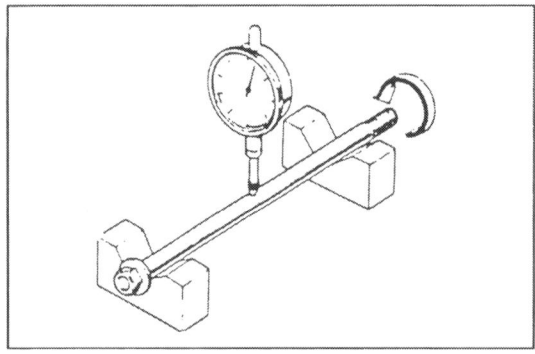

**Bild 167**
Achsrundlauf prüfen

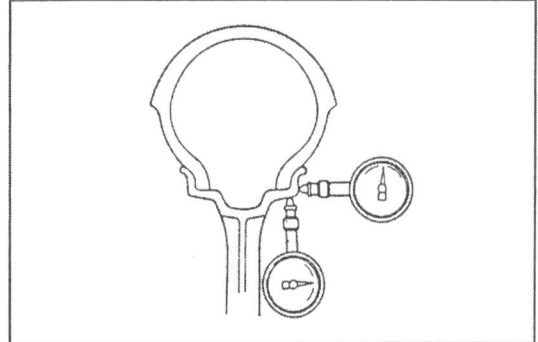

**Bild 168**
Seiten- und Höhenschlag prüfen

## 5.10 Teleskopgabel und Lenkkopflager

● Standrohr in Prismen einsetzen und Schlag messen, Verschleissgrenze 0,20 mm. Dabei beachten, dass tatsächlicher Schlag der Hälfte des gemessenen Wertes entspricht!

● ⌕ Freie Länge der Gabelfeder messen (Verschleissgrenze/frühe Ausführung 464 mm; neuere Ausführung: 411,5 mm).

● 👁 Einzelbauteile auf Kratzer, Riefen oder anormalen Verschleiss untersuchen. Gleitstückbuchse auswechseln, wenn Teflonbeschichtung so stark abgenutzt ist, dass Kupferfläche mehr als drei Viertel der gesamten Oberfläche einnimmt, siehe Bild 170. Stützring an gezeigten Stellen überprüfen und bei Verzug austauschen.

● Lenkkopflager auswechseln, wenn sie nicht absolut ruhig laufen oder «Rastung» aufweisen, siehe Bild 169.

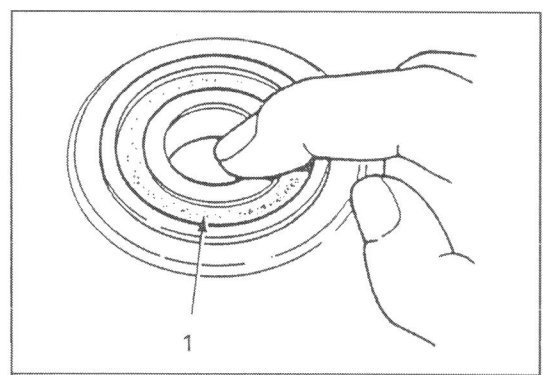

**Bild 169**
Radlager prüfen

## 5.11 Scheibenbremse

● Verschmutzte Bremsklötze reduzieren die Bremswirkung, deshalb wegwerfen. Bremsklötze austauschen, wenn Verschleissline am Oberteil der Klötze den Rand der Bremsscheibe erreicht hat, siehe Kapitel 3.16, Seite 23.

● Verschmierte Bremsscheiben mit hochwertigem Entfettungsmittel reinigen. Stärke der Bremsscheiben mit Mikrometer messen (Verschleissgrenze / vorn: 3,5 mm; hinten: 4,0 mm), Verzug an der ausgebauten Bremsscheibe auf der Richtplatte mit Messuhr (Verschleissgrenze 0,30 mm) messen, siehe Bild 171.

● Hauptbremszylinder-Innendurchmesser, Geberkolben-Aussendurchmesser, Bremssattelkolben-Aussendurchmesser und Bremssattelzylinder-Innendurchmesser mit Mikrometer bzw. Innenmikrometer messen.
Verschleissgrenzen siehe Seite 107, Technische Daten.

● Zylinder und Kolben dürfen keine Riefen oder Kratzer aufweisen.

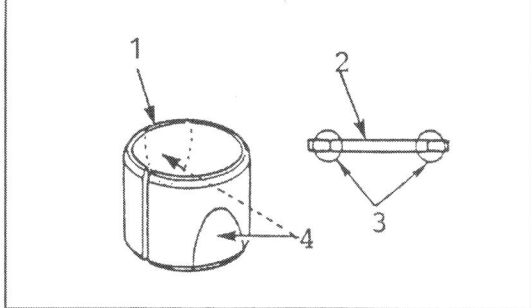

**Bild 170**
1 Buchse
2 Stützring
3 Prüfstellen
4 Kupfer

**Bild 171**
Scheibendicke messen

## 5.12 Schwinge, Umlenkhebelei und Federbein

● Schwinge auf Verzug oder Risse prüfen. Hülsen müssen in Nadelkörben ohne Widerstand spielfrei laufen. Staubdichtungen auf Beschädigungen untersuchen.

● Sämtliche Staubdichtungen der Schwingenlagerung und Umlenkhebelei auf Beschädigung überprüfen.
Hülsen und Buchsen dürfen keine Riefen oder Kratzer aufweisen. Eventuell mit rundem feinen Ölstein entfernen.

● Freie Länge der Feder messen (Verschleissgrenze / frühe Ausführung: 134,5 mm /neuere Ausführung: 173,6 mm).

● Hub der Vorspannvorrichtung des Federbeins prüfen: Einsteller ganz von LOW nach HIGH drehen und Hub des Einstellers zwischen Einstellgehäuse und Feder messen, Einstellhub/Sollmass: 9 mm, siehe Bild 172.

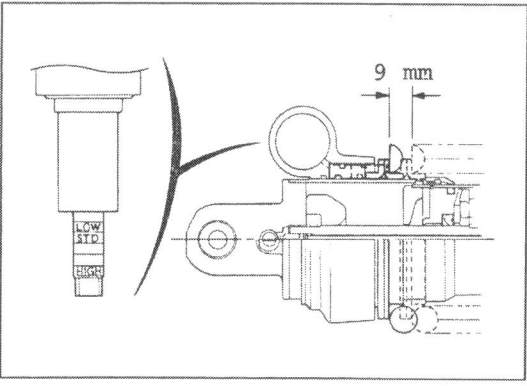

**Bild 172**
Hub der Vorspanneinrichtung messen

## 5.13 Kühlsystem

● Sämtliche Schläuche samt Anschlüssen auf Beschädigungen oder Risse untersuchen.

● Dichtigkeit des O-Rings zwischen Wasserpumpe und Motorgehäuse lässt sich nach Ausdrehen der unteren Schraube 3 in Bild 86 kontrollieren: Bei Anzeichen von Kühlmittelflüssigkeit

**Bild 173**
1 Thermostat
2 Thermometer

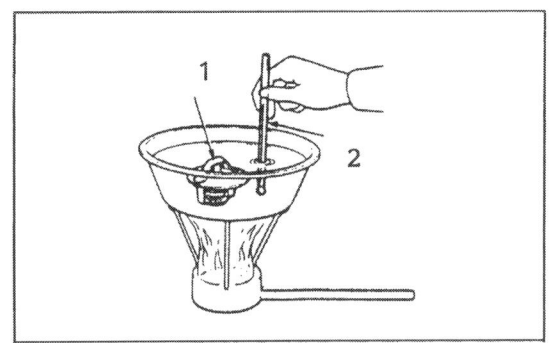

**Bild 174**
1 Thermosensor
2 Thermometer

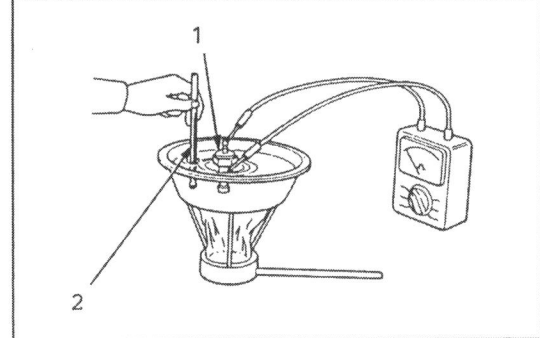

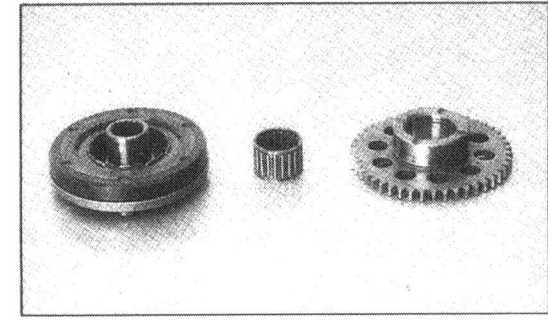

**Bild 175**
Anlasserfreilauf

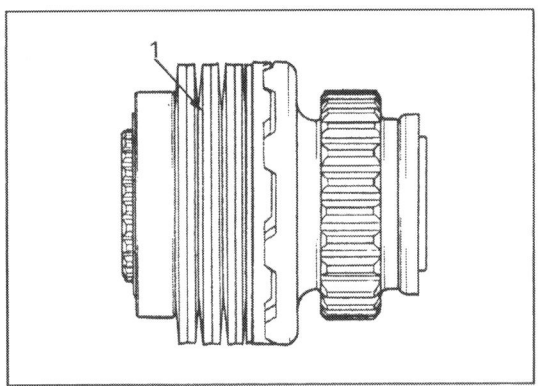

**Bild 176**
Dämpfer
1 Scheibenfedern

**Bild 177**
Verschleissgrenze: 1,8 mm
1 Scheibenfeder

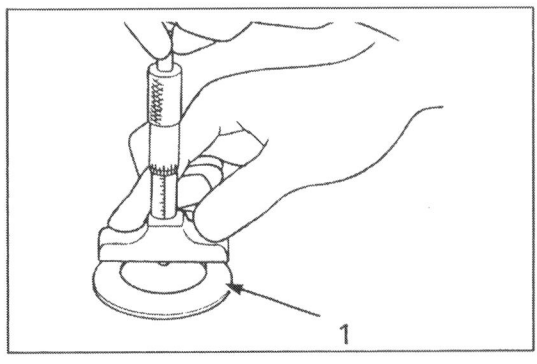

**Bild 178 ▶**
Kohlenlänge messen

empfiehlt Honda das Auswechseln der kompletten Baueinheit.

●  Thermostat in heisses Wasser tauchen, jedoch nicht Gefässwand berühren. Thermostat muss bei Erwärmung auf 95°C nach 5 Minuten einen Ventilhub von 8 mm aufweisen, siehe Bild 173.

Falls sich Zeiger der Temperaturanzeige nicht mehr rührt, kein Wackelkontakt oder Unterbrechung vorliegt, Kabel vom Temperatursensor trennen und mit Überbrückungskabel kurzschliessen.

● ⚠ Thermosensorkabel nur wenige Sekunden kurzschliessen, da sonst Temperaturanzeiger beschädigt wird.

● Zündung auf «ON» stellen: Temperaturanzeige muss voll (bis «H») ausschlagen.

● Thermosensor in erhitztes Öl tauchen und Widerstände messen. Um keine falschen Messergebnisse zu erhalten, darf weder Thermosensor noch Thermometer Gefässwand berühren, siehe Bild 174. Widerstands-Sollwerte für die Temperaturen 60/85/110/120°C betragen 104/43,9/20,3/16,1 Ω.

● Falls sich Lüftermotor bei entsprechender Kühlflüssigkeitstemperatur nicht dreht, Stecker von Thermoschalter trennen und mit Überbrückungskabel kurzschliessen. Wenn sich Lüftermotor jetzt bei eingeschalteter Zündung dreht, ist der Thermoschalter defekt.

● Thermoschalter schaltet in Abhängigkeit der Kühlmitteltemperatur Lüftermotor bei 98–102°C an und bei 93–97°C wieder aus (Prüfmethode wie Thermosensor).

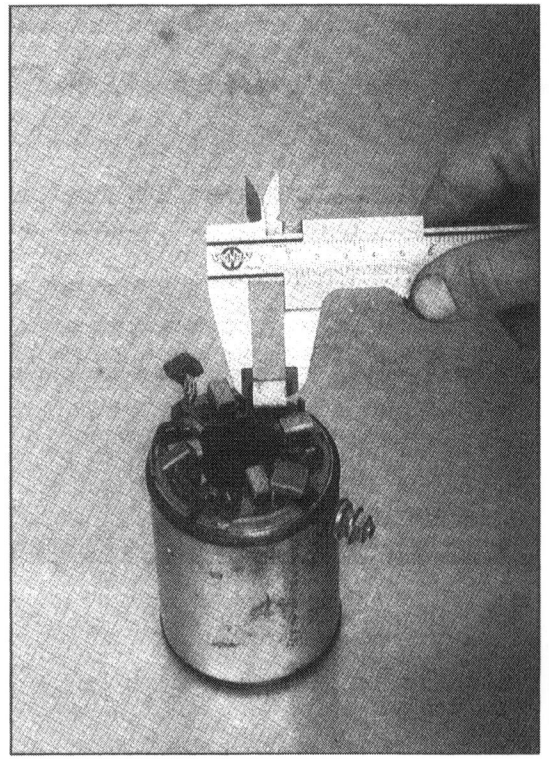

## 5.14 Freilauf und Anlasser

- 👁 Starterfreilauf (siehe Bild 175) muss sich ungehindert im Gegenuhrzeigersinn drehen lassen, darf sich aber nicht im Uhrzeigersinn drehen. Ansonsten auswechseln.
- 👁 Ruckdämpfer (siehe Bild 176) auf Abnutzung oder Beschädigung untersuchen. Nockenerhebungen müssen in einwandfreiem Zustand sein. Beschädigungen machen sich beim Anlassen des Motors hörbar.
- 📏 Nur neuere Ausführung: Federscheiben des Ruckdämpfers müssen unbelastet eine Höhe von 1,8 mm aufweisen, siehe Bild 177.
- 👁 Staubdichtung des Anlasserfrontdeckels auf Beschädigung überprüfen.

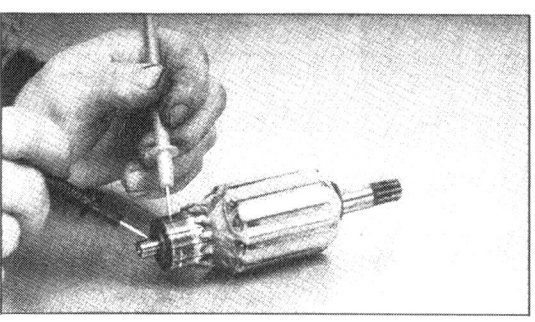

- 📏 Bürstenlänge messen, Verschleissgrenze 6,5 mm, siehe Bild 178.
- 📏 Es darf kein Stromdurchzug zwischen Kabelanschluss und Gehäuse bestehen. Stromdurchgang zum schwarzen Bürstenanschlusskabel ist normal.

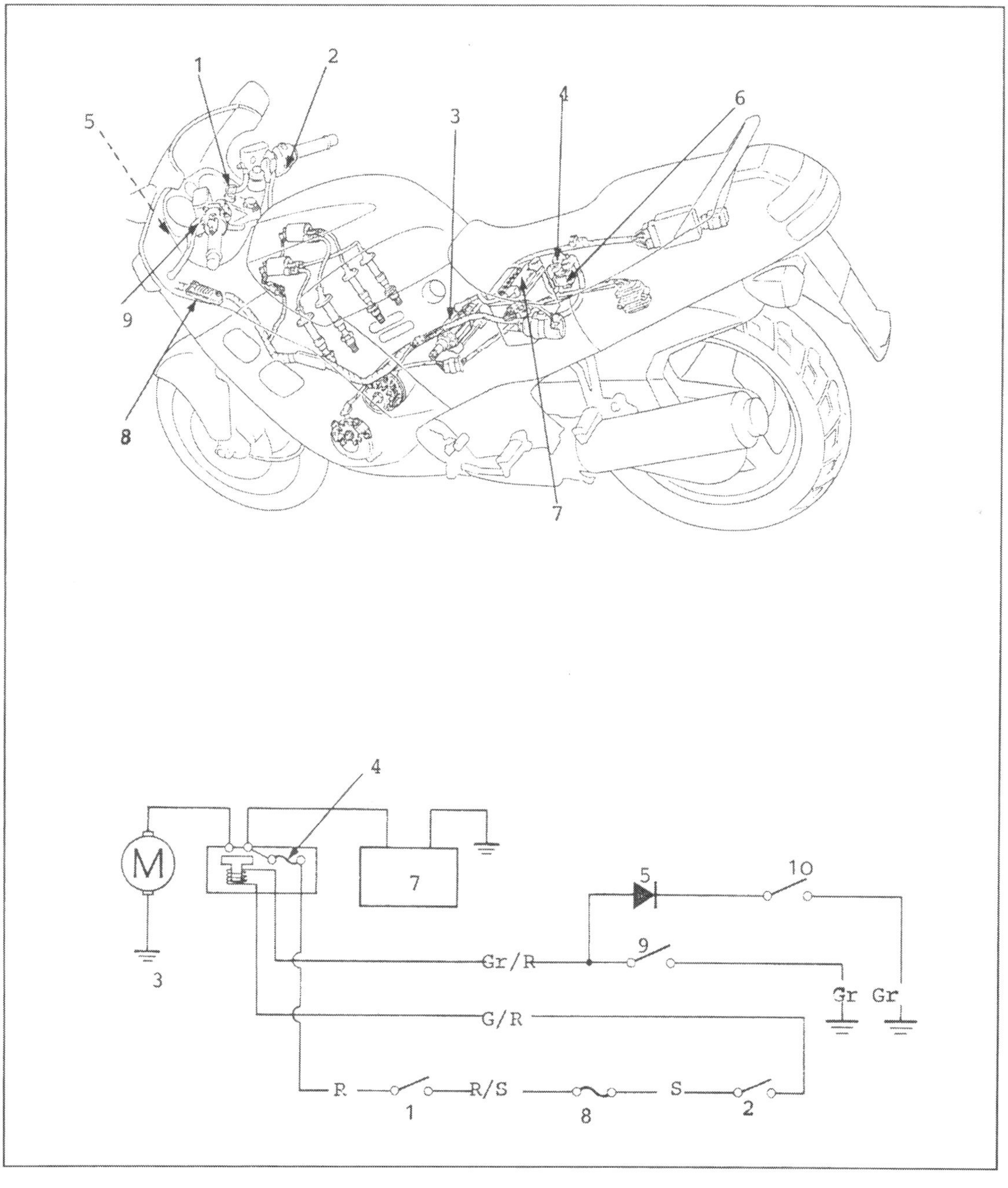

**Bild 179**
Es darf kein Stromdurchgang zwischen Lamellen und Achse bestehen

**Bild 180**
Startersystem
frühe Ausführung
(ohne Seitenständerschalter)
1 Zündschalter
2 Anlasserschalter
3 Anlasser
4 Hauptsicherung
5 Diode
6 Anlasserrelais
7 Batterie
8 Nebensicherung 10 A
9 Kupplungsschalter
10 Leerlaufschalter
  Gr: grün
  R: rot
  HG: hellgrün
  G: gelb
  S: schwarz

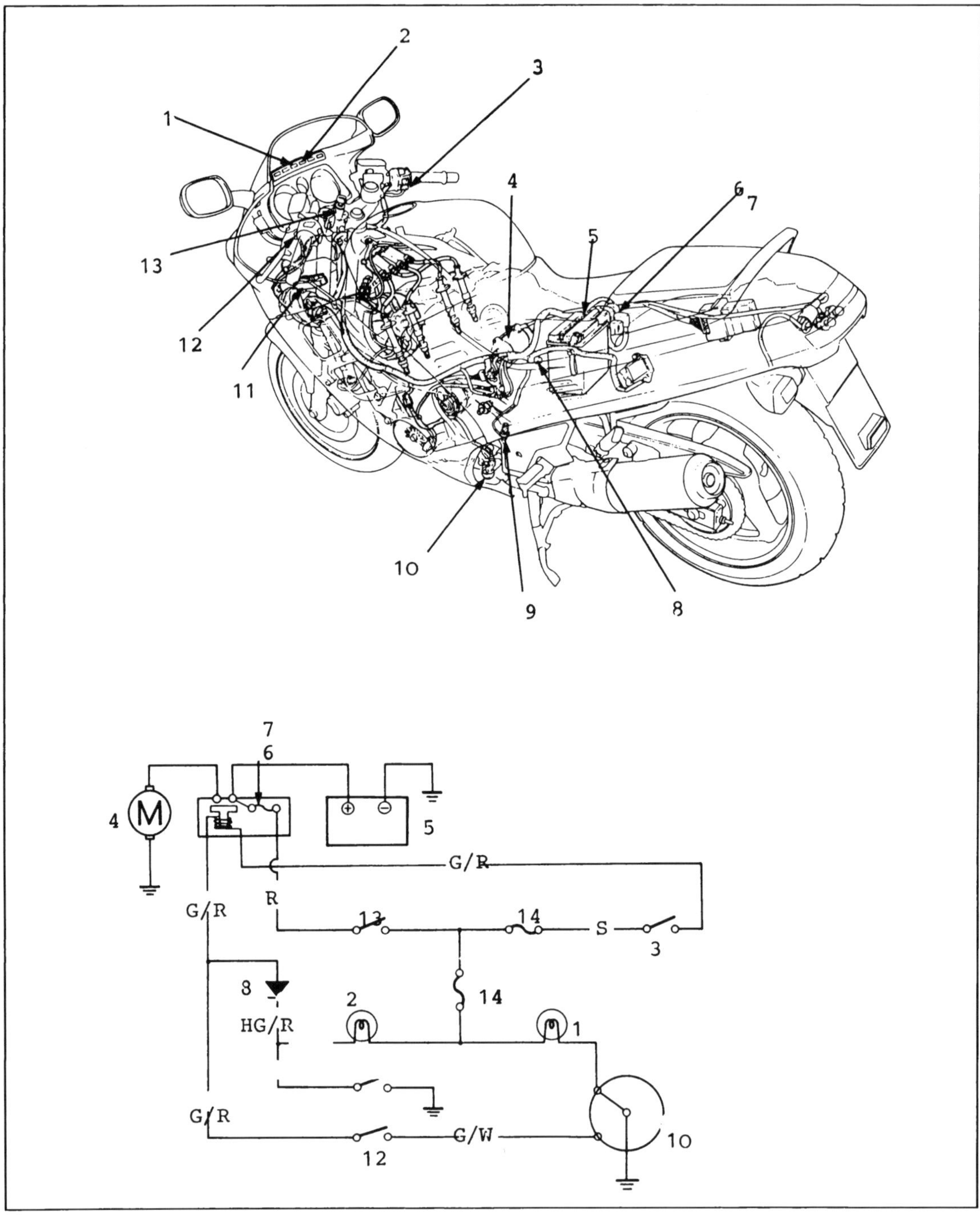

**Bild 181**
Startersystem
neuere Ausführung
(mit Seitenständerschalter)
1 Seitenständeranzeigelampe
2 Leerlaufanzeigelampe
3 Starterschalter
4 Anlasser
5 Batterie
6 Hauptsicherung
7 Starterrelais
8 Diode
9 Leerlaufschalter
10 Seitenständerschalter
11 Nebensicherungen
12 Kupplungschalter
13 Zündschalter
14 Nebensicherung
15 ausgeklappt
16 eingeklappt

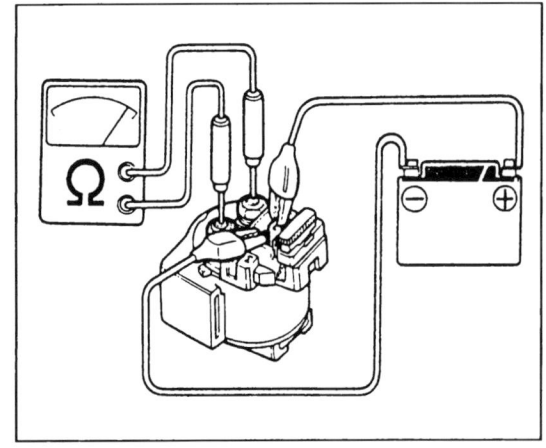

**Bild 182**
Starterrelais-Test

**Bild 183 ▶**
1 Kupplungsdiode

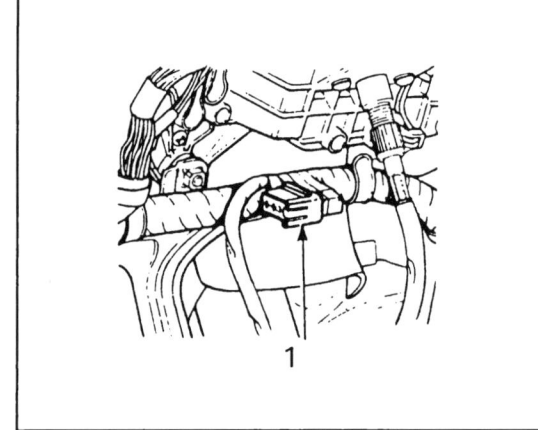

● ⬚ Kollektorlamellen dürfen keine Verfärbungen aufweisen; paarweise verfärbt deuten sie auf geerdete Ankerwicklungen hin.

● ⟅⟆ Es muss Stromdurchgang zwischen benachbarten Lamellen bestehen, siehe Bild 179. Zwischen Lamellen und Ankerwelle darf kein Stromdurchgang bestehen.

● ⬚ Zur Prüfung des Startmagnetschalters (siehe Bilder 180 und 181) müssen, wie zu allen anderen aussagefähigen Messungen des Elektrik-Systems auch, die Stecker auf Wackelkontakte oder korrodierte Kontaktstifte untersucht werden.

● ⟅⟆ Spannungsprüfung: bei eingeschalteter Zündung, Getriebe in Leerlauf und gedrücktem Starterknopf, muss zwischen dem gelb-roten (+) und dem grün-roten (–) Kabel des Magnetschaltersteckers Batteriespannung anliegen. Falls Batteriespannung anliegt, Durchgang prüfen.

● ⟅⟆ Durchgangsprüfung: Voll geladene Batterie an gelb-rotes (+) und grün-rotes (–) Kabel des ausgebauten Relais-Schalters anschliessen. Es muss Stromdurchgang zwischen den Anschlussklemmen des Anlasserrelais-Schalters bestehen, siehe Bild 182.

● ⟅⟆ Kupplungsdiode unter der Innenverkleidung/oben vom Kabelbaum trennen und mit Ohmmeter auf Stromdurchgang prüfen, siehe Bild 183. Es darf nur Stromdurchgang in angezeigter Richtung bestehen.

## 5.15 Lichtmaschine/Ladesystem

Prüfung auf Leckstrom:
● Stecker von Regler/Gleichrichter trennen.
● ⟅⟆ Zwischen negativem Batteriekabel und Minuspol der Batterie Spannung messen. Spannung muss bei ausgeschalteter Zündung 0 V betragen.

Prüfung des Ladestroms:
● ⟅⟆ Spannungsmesser zwischen Plus- und Minuspol der Batterie anschliessen, betriebswarmen Motor anlassen und Drehzahl langsam erhö-

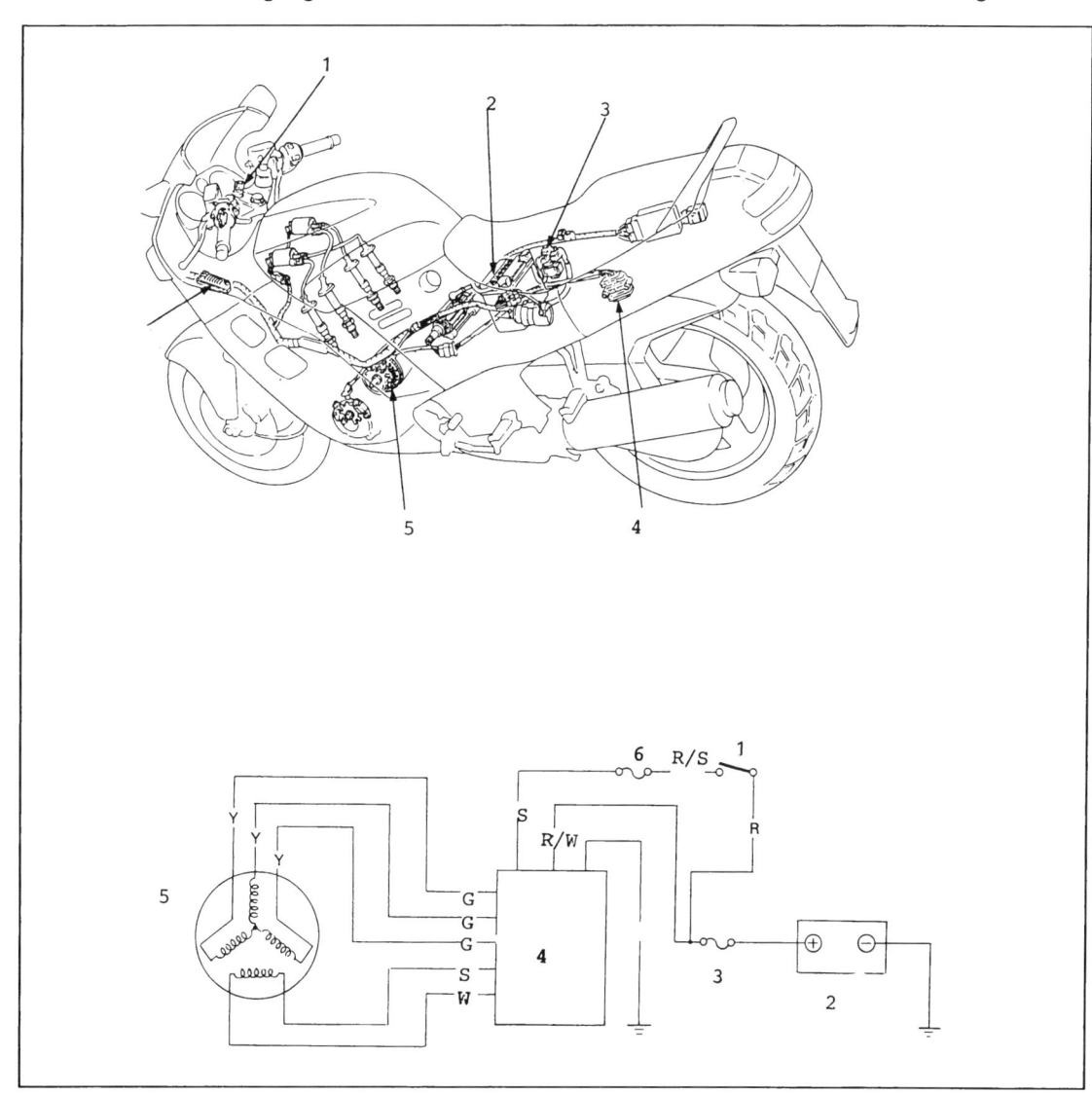

**Bild 184**
Ladesystem
1 Zündschalter
2 Batterie
3 Hauptsicherung
4 Regler/Gleichrichter
5 Lichtmaschine
6 Nebensicherung
G: gelb
S: schwarz
W: weiss
R: rot

hen. Spannung muss bei 5000/min 13,5–15,5 V betragen.

● ⌖ Ladespulen der Lichtmaschine sind in Ordnung, wenn kein Masse-Anschluss besteht und Stromdurchgang (Sollwert 0,4–0,6 Ω) zwischen den gelben Kabeln besteht, die über den in Bild 92, Seite 34 gezeigten Stecker, Statorwicklungen mit Gleichrichter/Spannungsregler verbinden, siehe Bild 184.

Prüfung der Feldwicklung:

● ⌖ Widerstand zwischen schwarzem und weissem Kabel des Limasteckers (Bild 92 / Seite 34) muss 2,2–2,6 Ω betragen.

Die Prüfung der Regler/Gleichrichter-Einheit bleibt der gut ausgerüsteten Honda-Werkstatt vorbehalten, da die Anschaffungskosten eines entsprechenden Prüfgerätes für den Privatmann in keinem Verhältnis zum Nutzen stehen.

## 5.16 Zündsystem/Zündzeitpunkt

● TIP Zündspulen brauchen zur Widerstandsmessung nicht ausgebaut werden, siehe Bild 185a und 185b.

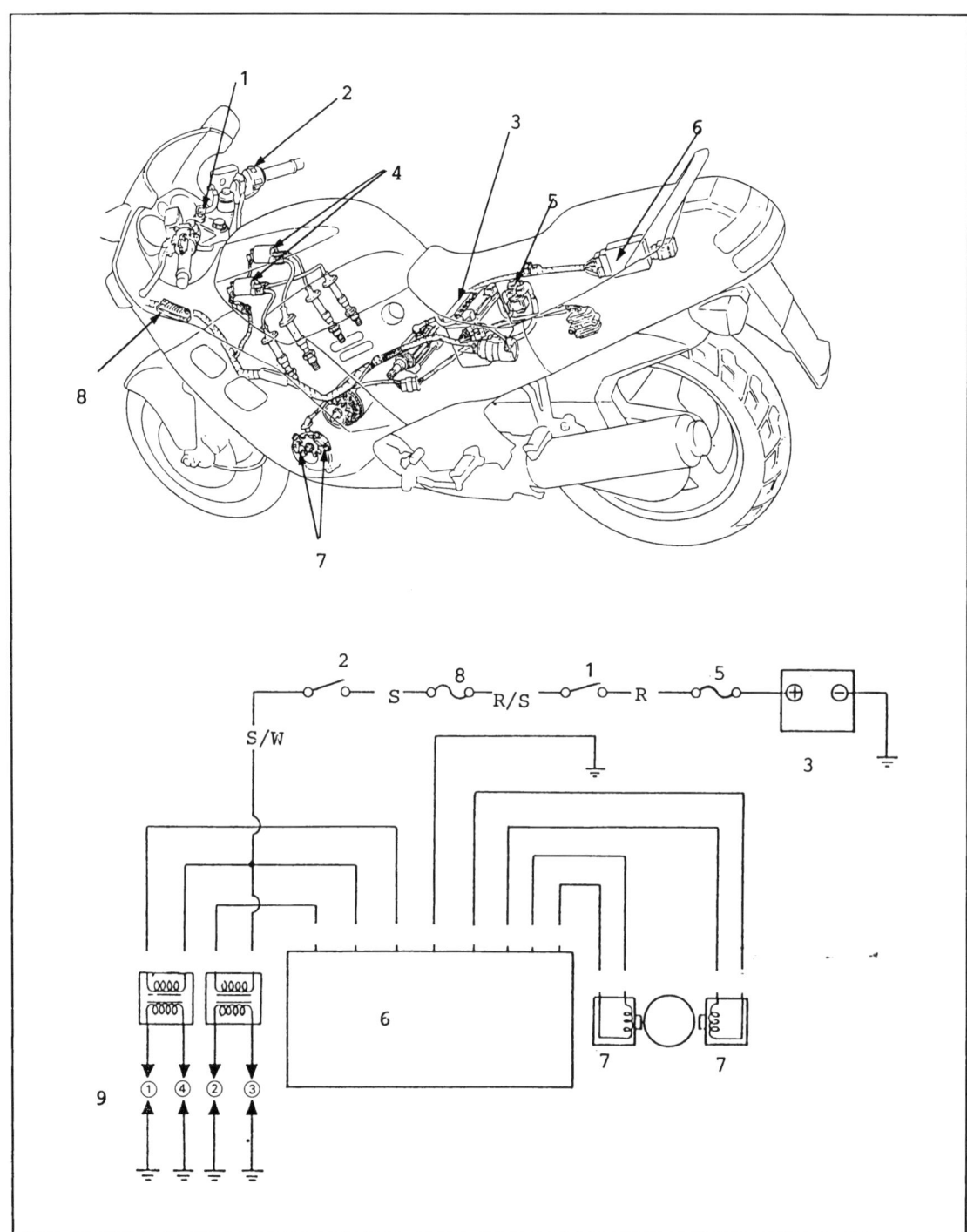

**Bild 185a**
Zündsystem
frühe Ausführung
1 Zündschalter
2 Motorkillschalter
3 Batterie
4 Zündspulen
5 Hauptsicherung 30 A
6 Zündeinheit
7 Impulsgeber
8 Nebensicherung 10 A
9 Zylindernummern
  S: schwarz
  W: weiss
  R: rot
  G: gelb
  Bl: blau
  Gr: grün

- ⌦ Schwarz/weisse Kabel von Zündspulen trennen. Zwischen schwarz/weissen (+) und gelb/blauen (–) Kabel für Zylinder 1 und 4 muss bei eingeschalteter Zündung Batteriespannung anliegen. Für Zylinder 2 und 3 Prüfung am schwarz/weissen (–) und blau/gelben (+) Kabel vornehmen.
- ⌦ Widerstand der Primärwicklung zwischen den Steckkontakten der Zündspule messen, Sollwert 2,6–3,2 Ω.
- ⌦ Widerstand der Sekundärwicklung mit angeschlossenem Kerzenstecker messen, wobei gleichzeitig Stromdurchgang zwischen Kerzenstecker und grünem Kontakt geprüft wird (Sollwert 17–23 kΩ).
- ⌦ Falls Widerstand der Sekundärwicklung ausser der Toleranz liegt, Stecker entfernen und Widerstand zwischen Zündkabel und grünem Kontakt messen. Sollwert 13–17 kΩ.
- ⌦ Zur Widerstandsmessung der Impulsgeberspulen, 4-poligen Ministecker abziehen (Einbaulage siehe Bild 92). Widerstand zwischen weiss/gelbem und gelben Kabel (Impulsgeber 1) messen, Sollwert 460–580, siehe Bild 186. Neuere Ausführung weist übrigens nur eine Im-

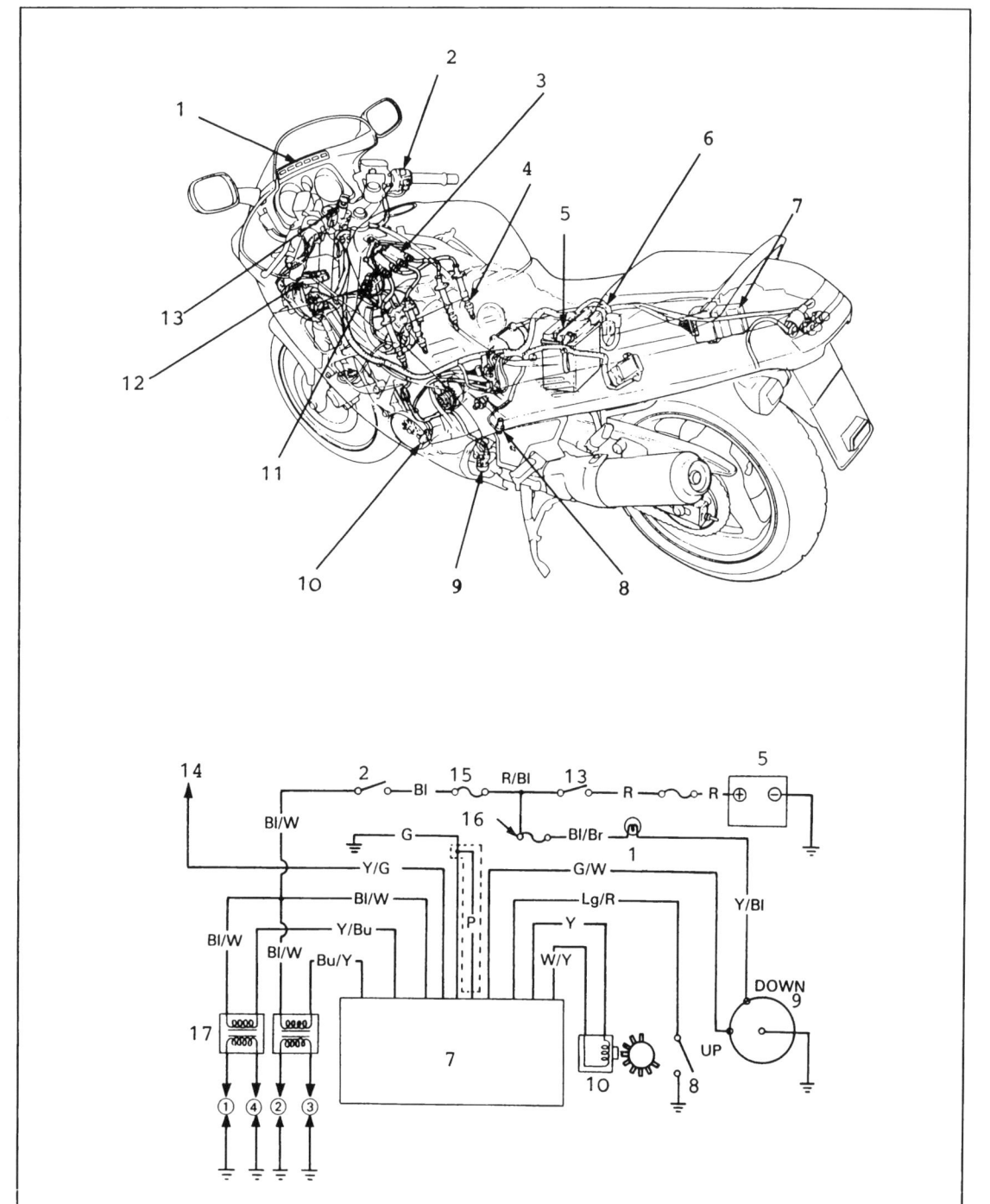

**Bild 185 b**
Zündsystem
neuere Ausführung
(mit Seitenständerschalter)
1 Seitenständer-Anzeigelampe
2 Motorkill-Schalter
3 Zündspule Nr. 2/3
4 Zündkerze
5 Batterie
6 Hauptsicherung 30 A
7 Zündsteuergerät
8 Leerlaufschalter
9 Seitenständerschalter
10 Impulsgeberspule
11 Zündspule Nr. 1/4
12 Nebensicherungen
13 Zündschalter
14 zum Drehzahlmesser
15 Nebensicherung 10 A
16 Nebensicherung 10 A
17 Zündspulen
R: rot
Bl: schwarz
W: weiss
Br: braun
G: grün
Y: gelb
Bu: blau
Lg: hellgrün
P: rosa (nur für Schweden)

**Bild 186**
Widerstandsmessung der Impulsgeberspulen (Motor muss nicht ausgebaut werden)

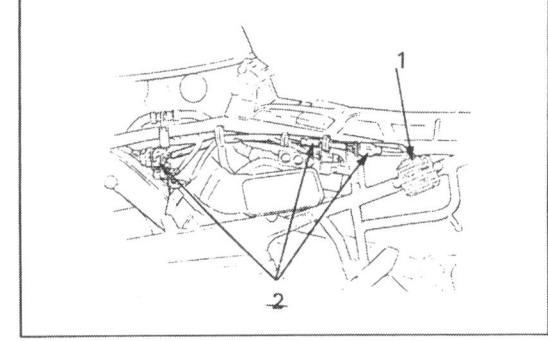

**Bild 187**
1 Regler
2 Stecker

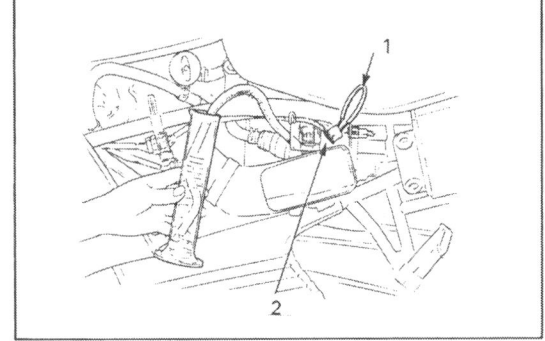

**Bild 188**
Benzinpumpe prüfen
1 Überbrückungsdraht
2 Stecker

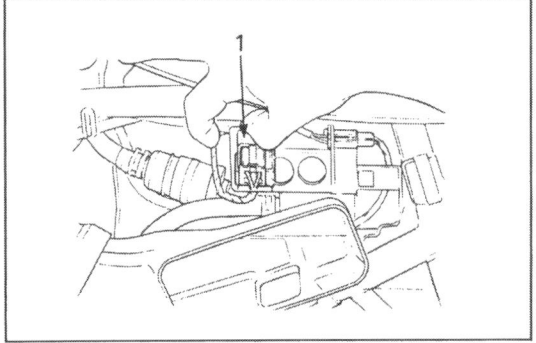

**Bild 189**
Benzinpumpenrelais

pulsgeberspule auf, dafür einen 9-armigen Geberrotorstern, siehe Bild 185 b.
Hat sich nach oben stehenden Prüfungen und Messungen immer noch kein Zündfunke eingestellt, steht eine Erneuerung der Transistor-Einheit an. Wer sicher gehen will, dass auch wirklich nur Schrott weggeschmissen wird, kann die Zünd-Einheit in einer Honda-Werkstatt, die über entsprechendes Messgerät verfügt, durchmessen lassen.

### 5.16.1 Zündzeitpunkt

Der Zündzeitpunkt der CBR ist nicht veränderbar, da Erzeugung und Steuerung des Zündfunkens dank digitaler Transistor-Zündung keinem mechanischen Verschleiss unterliegen. Das hier beschriebene Verfahren der Überprüfung des Zündzeitpunkts dient dazu, einwandfreies Funktionieren der Zündsystem-Bauteile festzustellen.
● Motor warm laufen lassen.
● Schaulochdeckel am linken Kurbelgehäusedeckel entfernen.
● Stroboskop an Zündkabel von Zylinder 1 oder 4 anschliessen.
Zündzeitpunkt ist korrekt, wenn die Strich-Marke bei 1000 ± 100/min «F»-Marke gegenübersteht, siehe Bild 16.

## 5.17 Kraftstoffsystem

### 5.17.1 Benzinpumpe

● Stecker der Benzinpumpenrelais trennen und schwarzen mit braun/roten Kabelkontakt mit Überbrückungsdraht verbinden.
● Benzinzulauf zu den Vergasern trennen und Schlauch in Messbecher führen, siehe Bild 188. Benzinhahn öffnen.
● Zündung einschalten und Benzin genau 5 Sekunden lang in Messbecher pumpen.
● Flüssigkeitsmenge im Messbecher mit 12 multiplizieren um die Fördermenge pro Minute zu erhalten, Sollwert 9000 cm$^3$.

### 5.17.2 Benzinpumpenrelais

● Pumpenrelais (siehe Bild 189) aus Halterung lösen und Stecker auf Festsitz prüfen.
● Spannung zwischen schwarzem Relaiskabel und Fahrzeugmasse messen. Bei eingeschalteter Zündung muss Batteriespannung anliegen.
● Gelb/blaues und blau/gelbes Kabel auf Stromdurchgang prüfen, es darf kein Stromdurchgang bestehen.

### 5.17.3 Kraftstoffanzeige

● Widerstand am Stecker messen. Sollwert bei vollem Tank 4–10 Ω. Sollwert bei leerem Tank 90–110 Ω.

# 6 Zusammenbau

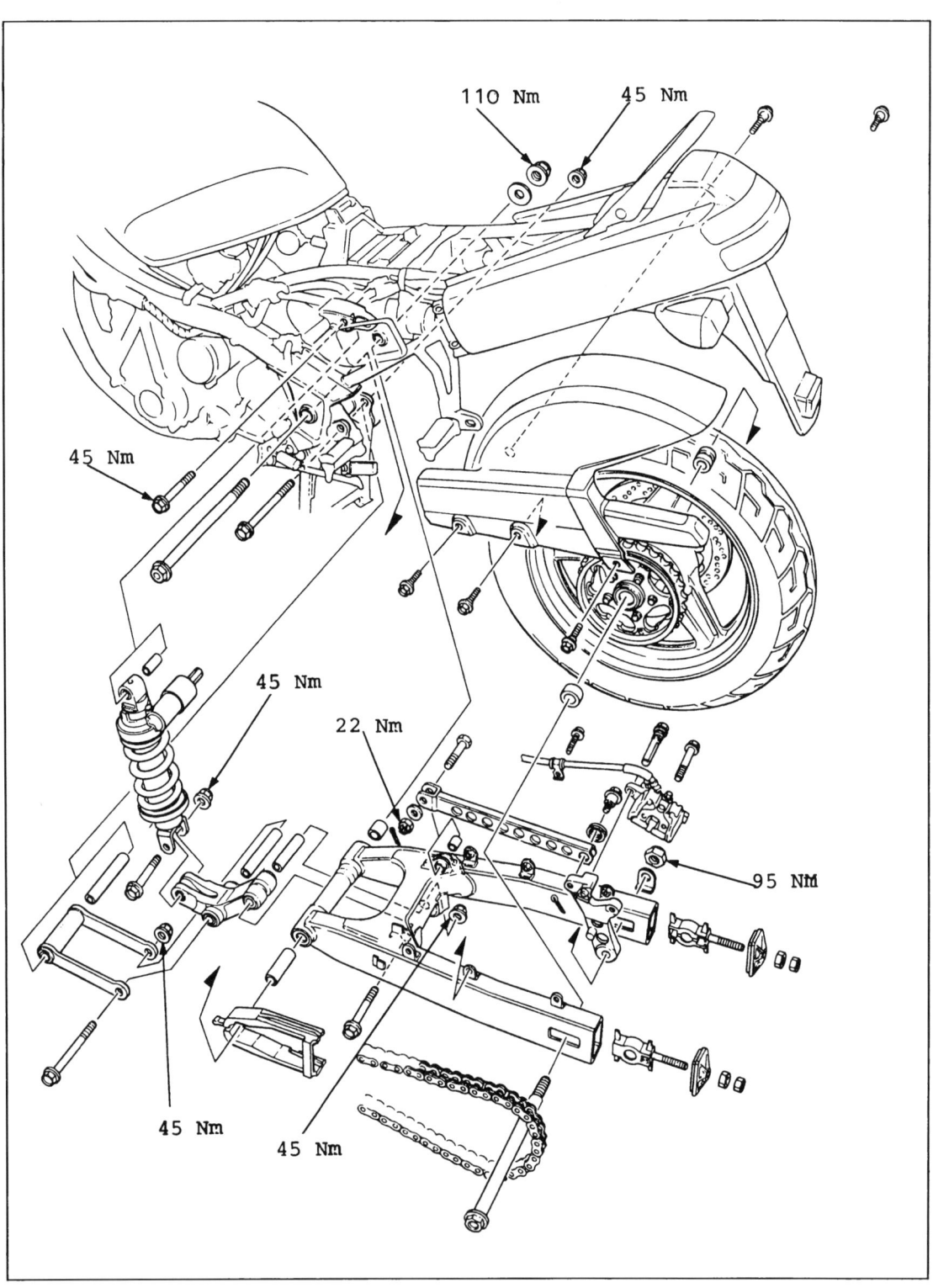

**Bild 190**
Heckpartie mit Anzugsmomenten

Nun liegt die CBR also mit ihren Einzelteilen in Kisten, Kästen und Schubladen verpackt in der Werkstatt und wartet auf die Wiedererstehung. Liegt das passende Werkzeug bereit? Sind die benötigten Ersatz- und Verschleissteile vollzählig besorgt? Sind alle Teile korrekt vermessen und auf Verschleiss geprüft worden?
Solange das Motorrad noch zerlegt herumliegt, sollte man sich nochmal ins Gewissen reden, denn jetzt lassen sich die Teile am einfachsten auswechseln. Also alles noch kritischer als sonst begutachten!
Wenn zum Beispiel ein Getriebezahnrad leichte Pitting-Bildung an den Zahnflanken aufweist, würde es bestimmt nochmal 10 000 Kilometer schadlos seine Arbeit verrichten. Aber dann zerbröselt es garantiert während der Urlaubsfahrt in Sizilien. Ein neues Zahnrad kostet nicht die Welt, teuer wird erst der Einbau.
Wenn wirklich alles bereit liegt, kann die Schrauberei beginnen, damit Stunden später ein neuwertiges Motorrad aus der Werkstatt rollt.

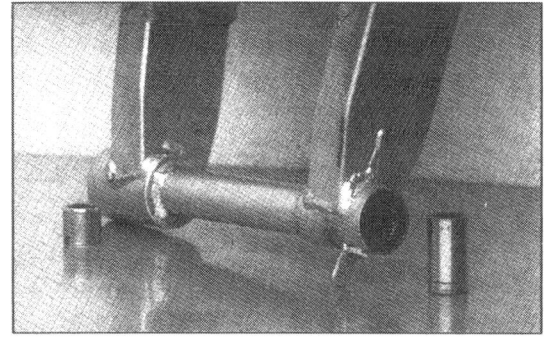

**Bild 191**
Buchsen gefettet einsetzen

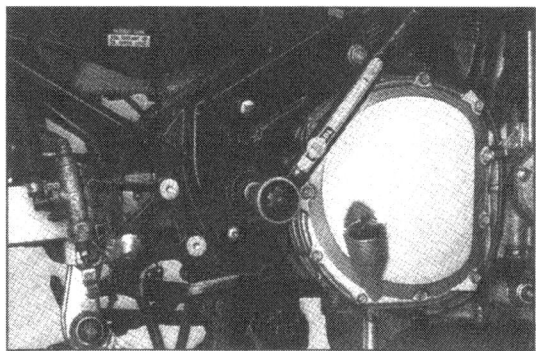

**Bild 192**
Anzugsmoment: 110 Nm

## 6.1 Heckpartie

### 6.1.1 Schwinge

● Nadelbüchsen in Schwinge, Gelenkstange und Gelenkhebel mit passendem Dorn gefettet einpressen.
● TIP Erwärmen der Schwinge und Gelenkstange/-hebel auf ca. 100°C erleichtert Eintreiben der Lager/Buchsen. Staubdichtungen und Lagerhülsen, ebenfalls gefettet, einsetzen, siehe Bild 191.
● Kette über Schwinge fädeln, Kettenschutz anbringen und Schwinge an den Rahmen montieren. Schwingachse von links einführen. Mutter gefettet (!) anziehen, siehe Bild 192.

### 6.1.2 Federbein

● Obere Federbeinaufnahme am Rahmen siehe Bild 193.

**Bild 193**
Obere Federbeinaufnahme bei demontierter Schwinge

**Bild 194** ◀
Buchsen und Lager gefettet montieren

**Bild 195**
Federbein einsetzen

● Gelenkhebel und -stange (siehe Bild 194) an Schwinge und Rahmen montieren (Anzugswerte siehe Bild 190).
● Federbein einführen und an Rahmen und Gelenkhebel befestigen, siehe Bild 195.

### 6.1.3 Laufrad

Eintreiben der Lager und Wellendichtringe (Staubdichtungen) siehe 6.2.2.
● Lagerhohlräume des Abtriebsflanschlagers mit Fett füllen und von der Kettenblattseite mit Dorn oder passender Nuss eintreiben.
● ⚠ Abgedichtete Seite muss nach aussen weisen. Es folgt Staubdichtung.
● O-Ring gefettet auf Radnabe einsetzen, siehe Bild 197.
● Kettenblatt anbringen (5 Muttern SW 14, selbstsichernd), siehe Bild 198.
● Dämpfergummis einsetzen und Abtriebsflansch aufsetzen. Rad in Schwinge einführen, Kette auflegen und Kette wie auf Seite 21 beschrieben spannen.

### 6.1.4 Bremssattel

● ⚠ Kolben- und Staubdichtungen müssen nach Demontage durch Neuteile ersetzt werden.
● Dichtungen vor Einsetzen mit Bremsflüssigkeit anfeuchten.
● Kolben mit offenen Seiten zum Bremsbelag weisend einbauen. Darauf achten, dass Dichtlippen nicht umgestülpt werden.
● Bild 201 zeigt abweichend zur frühen Ausführung die Bremsklotz-Aufnahme der neueren Typen. Bremsbelagfeder wie in Bild 202 anbringen. Bremsklötze montieren. Bild 203 zeigt Sicherungseinrichtung der Bremsklotzstifte der frühen Ausführung.
● Aufsetzen des Bremssattels und Einstellung des Bremshebels siehe Kapitel Wartung, Seiten 23 und 124.

## 6.2 Frontpartie

● Unteren Lagerlaufring samt Staubdichtung

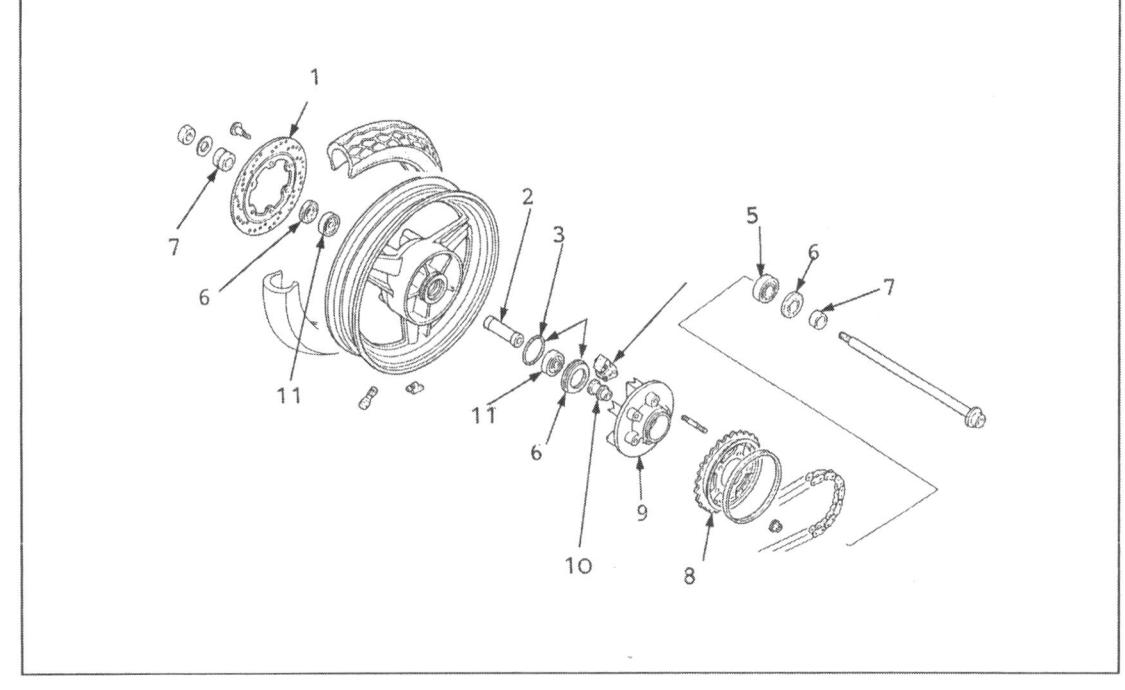

**Bild 196**
Einzelteile Hinterrad
1 Bremsscheibe
2 Distanzhülse
3 O-Ring
4 Dämpfergummi
5 Flanschlager
6 Staubdichtung
7 Hülse/links
8 Abtriebskettenrad
9 Abtriebsflansch
10 Achshülse
11 Radlager

**Bild 197**
O-Ring nicht vergessen

**Bild 198** ▶
Abtriebsflansch/Ruckdämpfer mit Kettenblatt

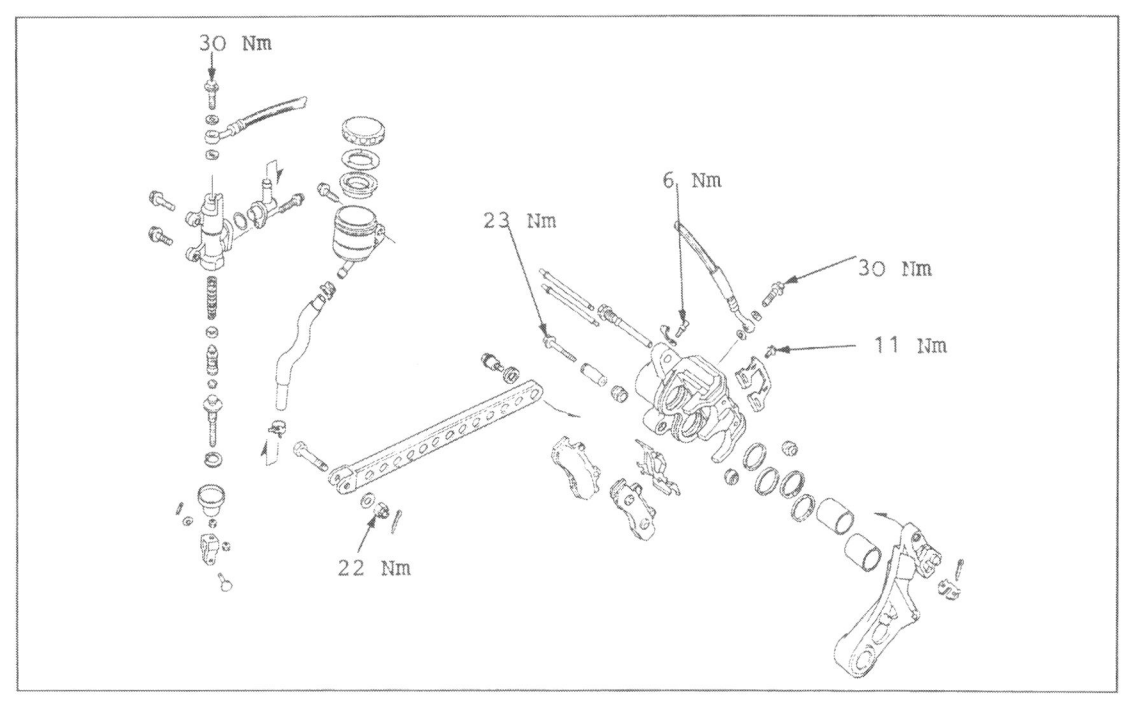

**Bild 199**
Einzelteile Bremssattel (frühe Ausführung) mit Anzugsmomenten

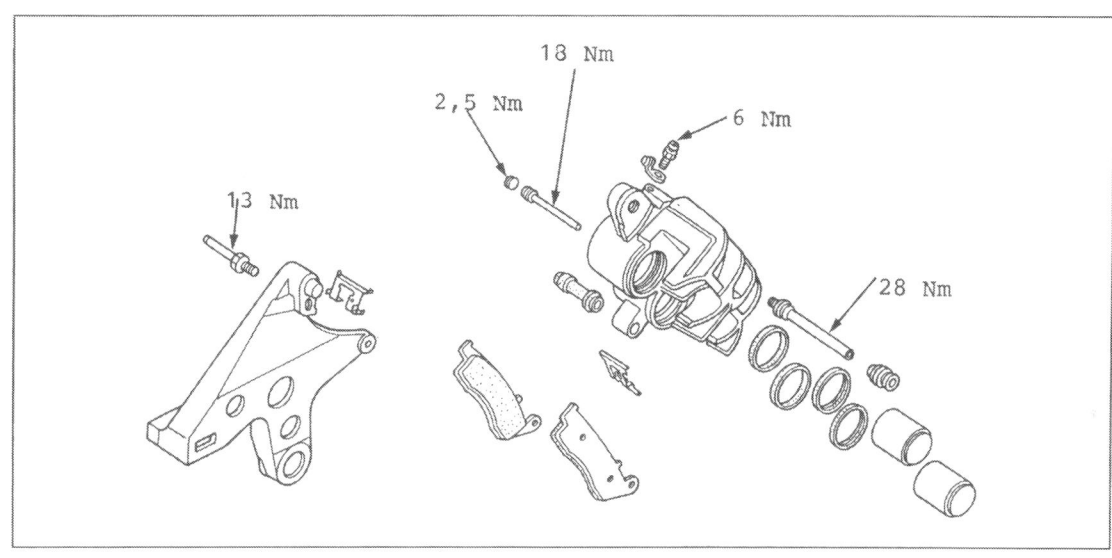

**Bild 200**
Einzelteile Bremssattel (neuere Ausführung) mit Anzugsmomenten

auf Lenkerschaftrohr mit passendem Rohrstück auftreiben.
● TIP Erwärmen des Laufrings auf ca. 100 °C erleichtert Aufschieben.
● In oberen und unteren Lenkkopflagersitz Lagerschale mit passendem Rundmaterial eintreiben. Darauf achten, dass Lagerschale nicht ver-

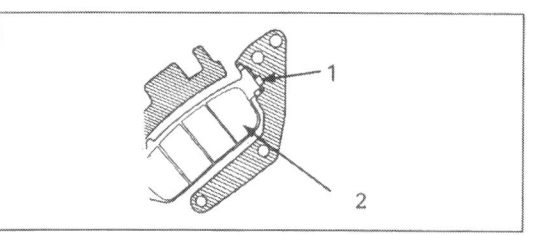

**Bild 201**
1 Halter
2 Belag

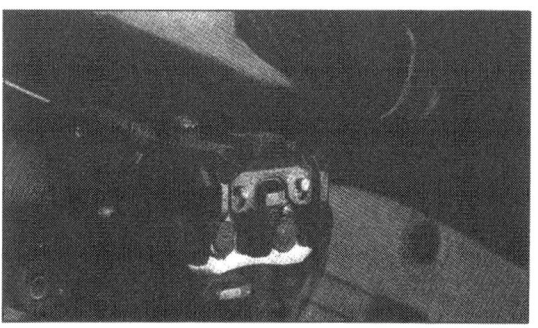

**Bild 202** ◄
Einbaulage/Belagfeder

**Bild 203**
Sicherungsblech muss in Belagstifte einspuren

65

**Bild 204**
Lager gefettet montieren

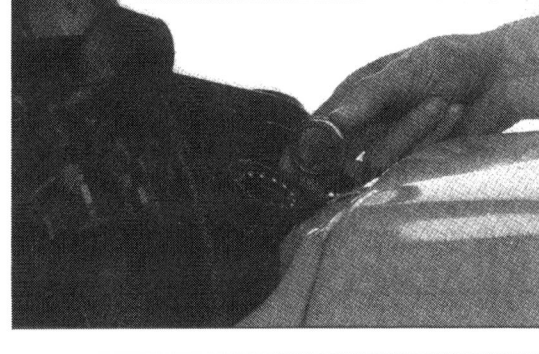
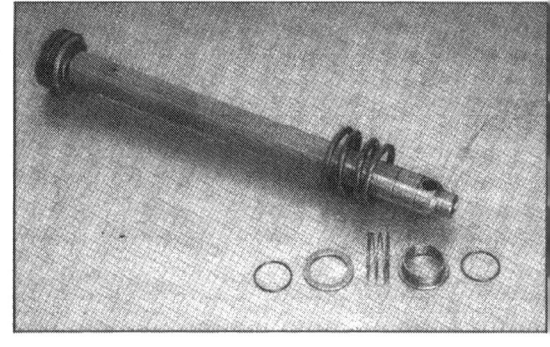

**Bild 205** ▶
Kolbenstange mit Anschlagfeder

**Bild 206**
Standrohr mit Buchsen, Stützring und Wellendichtring

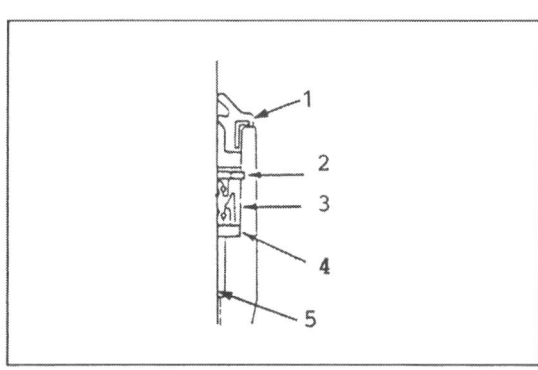

**Bild 207** ▶
1 Staubdichtung
2 Sprengring
3 Wellendichtring
4 Stützring
5 Buchse

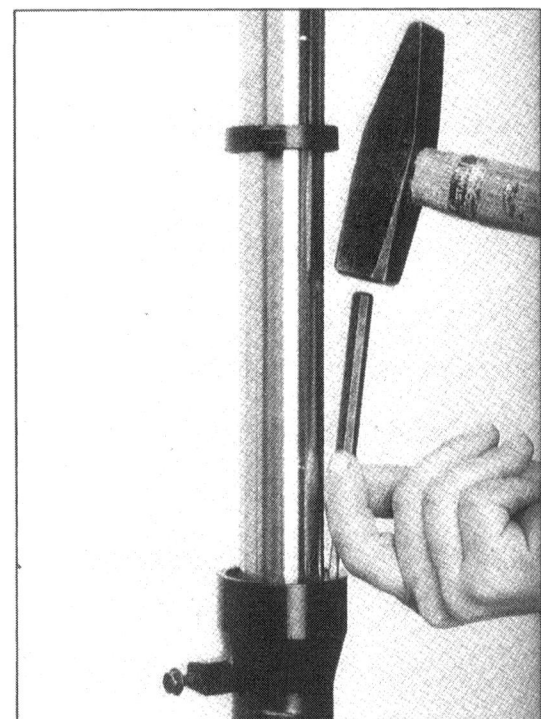

**Bild 208**
Buchse in Sitz eintreiben

**Bild 209** ▶
Buchse gefettet einsetzen

**Bild 210** ▶
O-Ring muss sauber in Nut sitzen

**Bild 211**
1 Ölstand

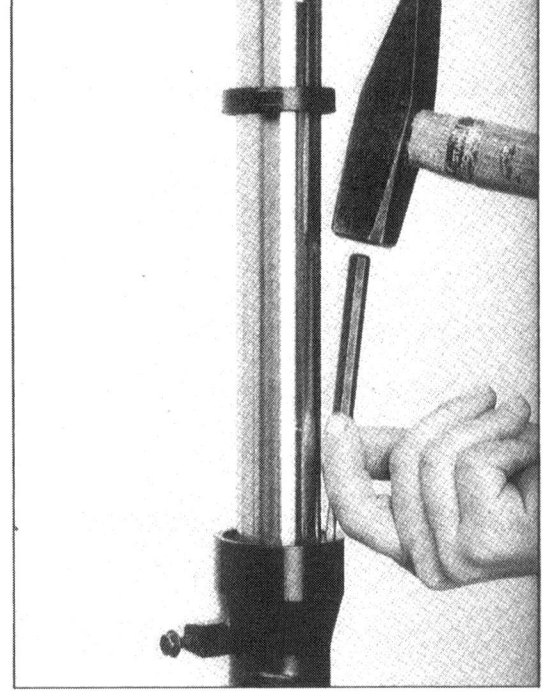
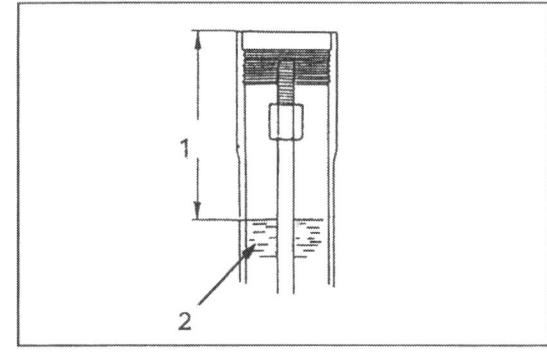

**Bild 212** ▶
Neuere Ausführung: Ölstand (1) 172 mm

kantet und so den Lagersitz aufweitet, jedoch satt aufsitzt.
- Untere Gabelbrücke/Lenkschaftrohr von unten in Lenkkopf einführen.
- Oberen Kugellaufring gefettet einlegen, siehe Bild 204. Es folgt Scheibe.
- Gabelstandrohre und obere Gabelbrücke samt Nutmutter provisorisch montieren, Lenkkopflager-Einstellung gemäss 3.21, Seite 25 durchführen.
- Lenkschaftmutter anziehen (Drehmoment 105 Nm).

## 6.2.1 Teleskopgabel

- Kolbenstange wie in Bild 205 gezeigt vormontieren. Standrohrbuchse von Hand auf Standrohr anbringen. Nylon-Kolbenring (Teil 15 in Bild 277) von Hand auf Dämpferkolben anbringen und diesen samt Druckfeder von oben durch Standrohr durchstecken, siehe Bild 206, Öldichtstück auf Ende des Dämpferkolbens aufsetzen und Standrohr in Tauch- bzw. Gleitrohr einschieben.
- Untere Gabelverschlussschraube mit flüssiger Schraubensicherung und Kupferdichtring eindrehen (20 Nm).
- TIP Eventuell Gabelfeder und obere Gabelverschluss-Schraube provisorisch anbringen, um Gabelkolbenstange am Mitdrehen zu hindern.
- Tauchrohrbuchse, Stützring, Wellendichtring, Sprengring und Staubdichtung wie in Bild 207 gezeigt anbringen. Wellendichtring mit Gabelöl

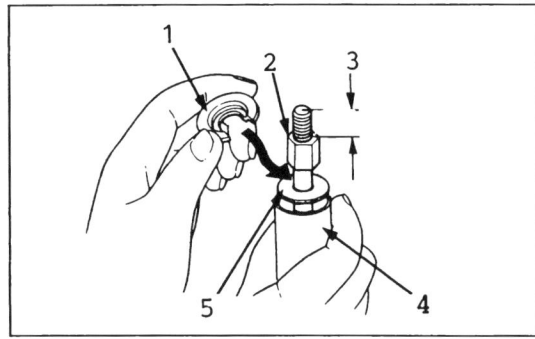

**Bild 213**
Neuere Ausführung
1 Sitzanschlag
2 Sicherungsmutter
3 10,5 mm
4 Hülse
5 Federsitz

anfeuchten und mit der Beschriftung nach oben entweder mit passendem Rohrmaterial oder schrittweise über Kreuz mit langem Dorn eintreiben, siehe Bild 208. Anschlagring in Nut des Gleitrohrs einsetzen und darauf achten, dass er einwandfrei in seiner Nut sitzt. Staubdichtung einsetzen.
- Lagerbuchse der Anti-Dive-Einrichtung bei früher Ausführung einsetzen, siehe Bild 209.
- Anti-Dive-Gehäusedeckel vormontiert wie in Bild 210 gezeigt anbringen. Auf sauberen Sitz des O-Rings achten.
- Standrohr bis zum Anschlag in Gleitrohr einschieben und in rechten Gabelholm 485 cm³ Gabelöl, links 495 cm³ einfüllen. Neuere Ausführung (ohne Anti-Dive-Einrichtung) Ölfüllmenge beide Gabelholme 409 cm³.
- Gabelholm einige Male auf- und abpumpen. Gabel zusammmenschieben und Ölstand von Rohroberkante messen.
- Unbedingt darauf achten, dass der Öl-

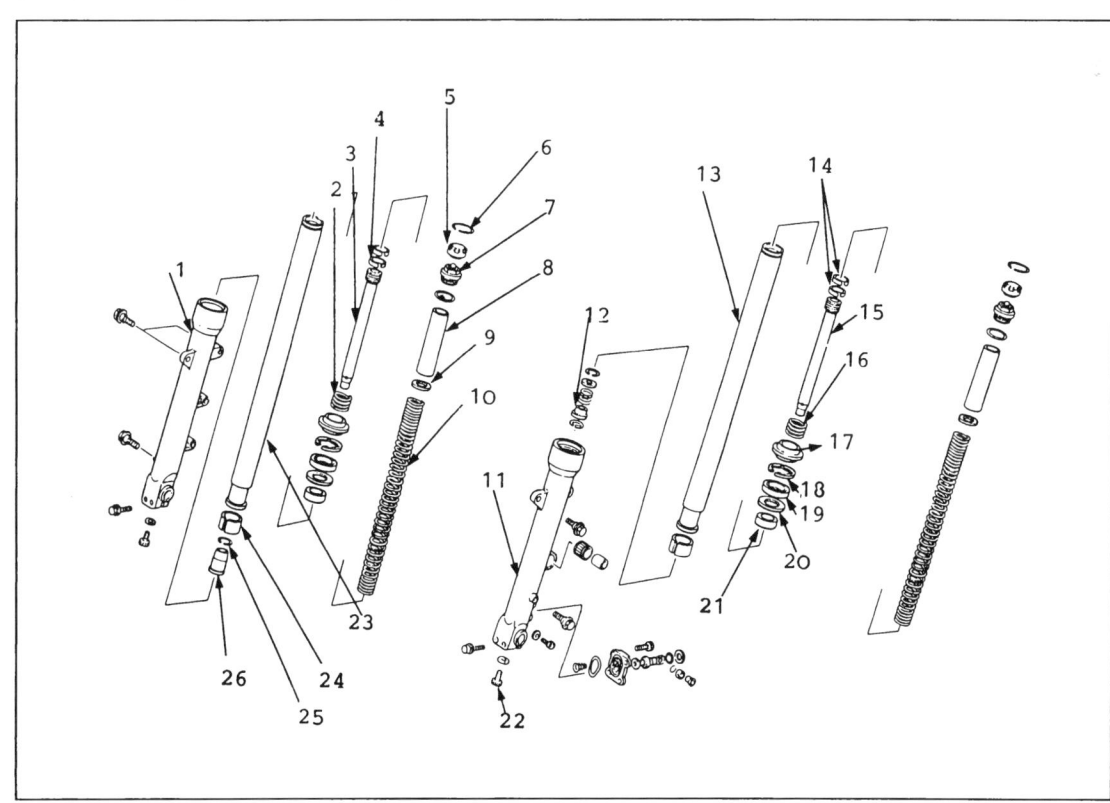

**Bild 214**
Einzelteile frühe Ausführung
1 Gleitrohr/rechts
2 Rückprallfeder/rechts
3 Gabelkolben/rechts
4 Kolbenring
5 Luftventilkappe
6 Sprengring
7 Standrohrkappe
8 Distanzstück
9 Federsitz
10 Gabelfeder
11 Gleitrohr/links
12 Ölsperrventil
13 Standrohr/links
14 Kolbenringe
15 Gabelkolben/links
16 Rückprallfeder/links
17 Staubdichtung
18 Sprengring
19 Dichtring
20 Stützring
21 Gleitrohrbuchse
22 Innensechskantschraube SW 6
23 Standrohr/rechts
24 Standrohrbuchse
25 Sprengring
26 Öldichtstück

stand in beiden Gabelbeinen gleich ist. Standard-Ölstand / mit Anti-Dive: 148 mm / Bild 211. Ölstand neuere Ausführung: 172 mm, siehe Bild 212.

Nur frühe Ausführung:
● Gabelfeder mit enggewundenem Ende nach unten in Standrohr einführen. Es folgen Scheibe, Distanzhülse und obere Gabelverschlussschraube (SW 17) mit geöltem O-Ring, siehe Bild 214.

Abweichend von der frühen Ausführung bei neuerer Ausführung (Bild 215) wie folgt verfahren:
● Kolbenstange mit Druckfeder von unten in Gabelkolben einschieben. O-Ring am Endstück mit Gabelöl anfeuchten und in Gabelkolben einsetzen. Anschlagring in seine Nut einsetzen. Durch langsames Einschieben der Kolbenstange Endstück auf Anschlagring aufsetzen.
● ⚠ Nicht gegen das Ende der Kolbenstange schlagen, weil dadurch Kolbenstange und Endstück beschädigt werden können.
● Sicherungsmutter der Verschluss-Schraube von Hand bis zum Anschlag auf Kolbenstange aufschrauben; abgeschrägte Seite der Mutter weist nach innen.
● Gleitrohrbuchse und Stützring auf Standrohr montieren. Stützring mit der abgeschrägten Seite nach innen weisend montieren.
● Standrohr wie frühe Ausführung in Tauchrohr montieren.
● Gabelfeder mit konischen Ende nach unten weisend einsetzen.
● Federsitz (Teil 22 in Bild 215), Federhülse und Federsitz (Teil 4 in Bild 213) montieren.
● Kolbenstange mit Draht (Länge min. 200 mm) hochziehen.
● 🔧 Abstand der Mutter von Oberkante der Kolbenstange muss mindestens 10,5 mm betragen, siehe Bild 213.

● Sitzanschlag zwischen Sicherungsmutter und Federhülse installieren, wobei Federhülse gegen Federdruck nach unten gedrückt wird.
● Standrohrverschluss-Schraube von Hand auf Kolbenstange schrauben bis sie auf Sicherungsmutter aufsitzt.
● Sicherungsmutter gegen Verschluss-Schraube anziehen (Anzugsmoment 20 Nm).
● Verschluss-Schraube mit geöltem O-Ring anbringen.
● Standrohr unter gleichzeitigem Drehen durch Gabelbrücken schieben. Einschnürung am Standrohr muss bündig mit Oberkante der oberen Gabelbrücke sein. Obere und untere Gabelklemmschrauben anziehen.
● Schutzblech und Lenkerhälften montieren.

### 6.2.2 Laufrad

● ⚠ Auf keinen Fall alte Radlager wieder einbauen, grundsätzlich Neuteile verbauen.
● [TIP] Erwärmen der Nabe auf ca. 100°C erleichtert das Eintreiben der Lager.
● Lagerhohlräume des rechten Lagers mit Fett füllen und mit passendem Dorn oder Nuss so eintreiben, dass abgedichtete Seite aussen liegt.

Beim Eintreiben sorgfältig darauf achten, dass Lager nicht verkantet und sichergehen, dass es vollkommen aufsitzt, siehe Bild 217. Hülse (Teil 2 in Bild 216) einsetzen.
● Distanzhülse (Teil 10 in Bild 216) in Radnabe einsetzen und linkes Lager genauso eintreiben (abgedichtete Seite nach aussen).
● ⚠ Auf genaue Flucht der Distanzhülse achten, eventuell Achse provisorisch einschieben.
● Staubdichtung mit der Beschriftung nach aussen weisend und gefetteten ($MoS_2$) Dichtlippen

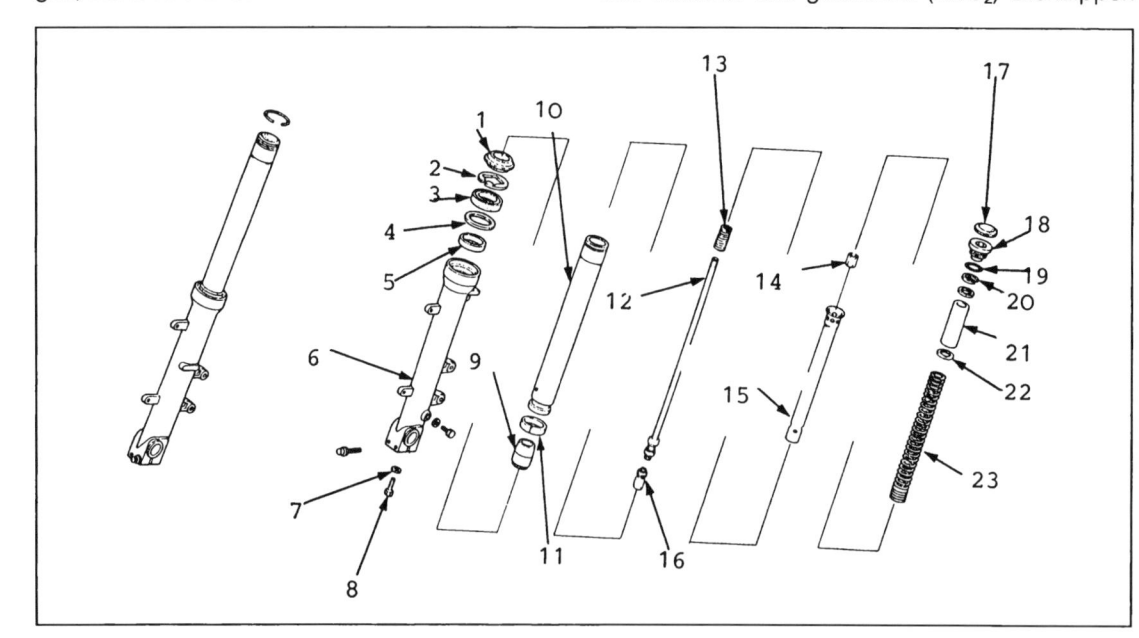

**Bild 215**
Einzelteile neuere Ausführung
1 Staubdichtung
2 Sprengring
3 Dichtring
4 Stützring
5 Gleitrohrbuchse
6 Gleitrohr
7 Kupferdichtung
8 Innensechskantschraube SW 6
9 Öldichtstück
10 Standrohr
11 Standrohrbuchse
12 Kolbenstange
13 Rückprallfeder
14 Sicherungsmutter
15 Gabelkolben
16 Endstück
17 Gummikappe
18 Standrohr-Verschluss
19 O-Ring
20 Sitzanschlag
21 Hülse
22 Federsitz
23 Gabelfeder

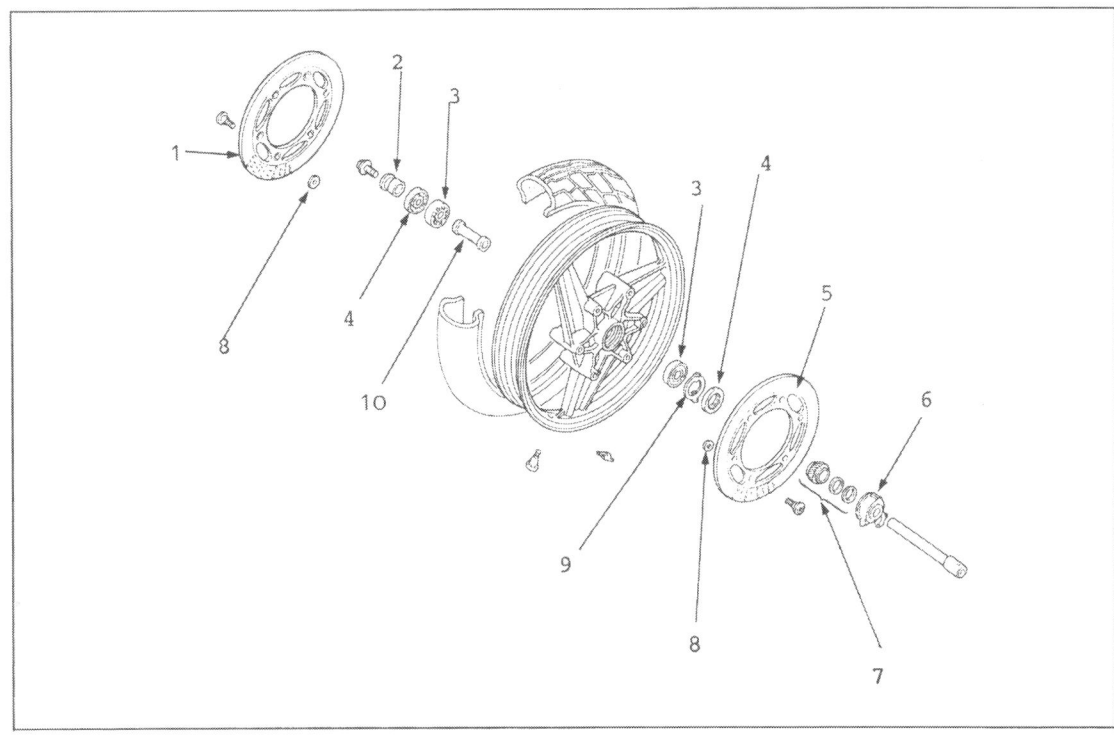

**Bild 216**
Einzelteile Vorderrad
1 Bremsscheibe/rechts
2 Hülse/rechts
3 Lager
4 Staubdichtung
5 Bremsscheibe/links
6 Tachoantrieb
7 fetten
8 Bremsscheibenunterlage
9 Tachoantriebmitnehmer
10 Distanzhülse

mit passendem Dorn oder Nuss wie Lager eintreiben.

● Bremsscheibe links und rechts mit Beilagscheiben und flüssiger Schraubensicherung montieren, Anzugsmoment 40 Nm / siehe Bild 218. Bremsscheibe mit hochwertigem Entfettungsmittel (Bremsscheibenreiniger) reinigen.

● Tachometermitnehmer, Staubdichtung und Tachoschnecke einsetzen, siehe Bild 219.

● Rad zwischen Gabelbeine einsetzen. Achse von links durch Gabel und Radnabe schieben. Nase des Tachometergetriebes unter Angel am linken Tauchrohr setzen.

● Achsklemmschrauben links unter Ausrichtung der Indexlinie auf der Achse auf Tauchrohr-Aussenseite anziehen, Anzugsmoment 22 Nm.

● Rechte Achsklemmschrauben (Anzugsmoment 22 Nm) anziehen und Vorderachsschraube (Anzugsmoment 60 Nm / siehe Bilder 131 und 220) anbringen.

● Bremssättel anbringen, siehe Bilder 128 u. 129.

● Abstand zwischen jeder Oberfläche der linken Bremsscheibe und der linken Bremssattelhalterung mit 0,7 mm-Fühlerlehrenblatt kontrollieren. Falls sich Fühlerlehre nicht mühelos einschieben lässt, linke Achsklemmschrauben lösen und linken Gabelholm justieren, bis Fühlerlehre eingesetzt werden kann. Achsklemmschrauben anziehen.

● ⚠ Falls Spiel zwischen Bremsscheibe und Bremssattelhalterung nicht stimmt, kann Bremsscheibe beschädigt und/oder Bremsleistung beeinträchtigt werden.

● Tachometerwelle anschliessen (mit Kreuzschlitzschraube sichern).

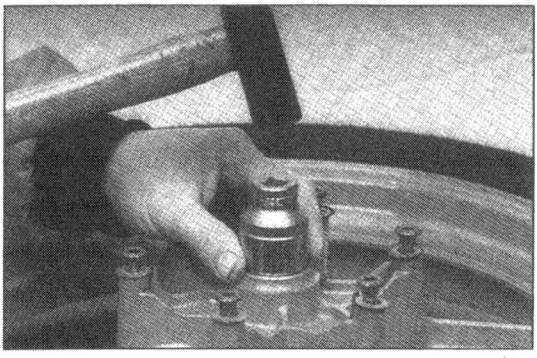

**Bild 217**
Lager und Wellendichtringe eintreiben

**Bild 218**
Flüssige Schraubensicherung verwenden

**Bild 219**
Tachoantrieb gefettet einsetzen

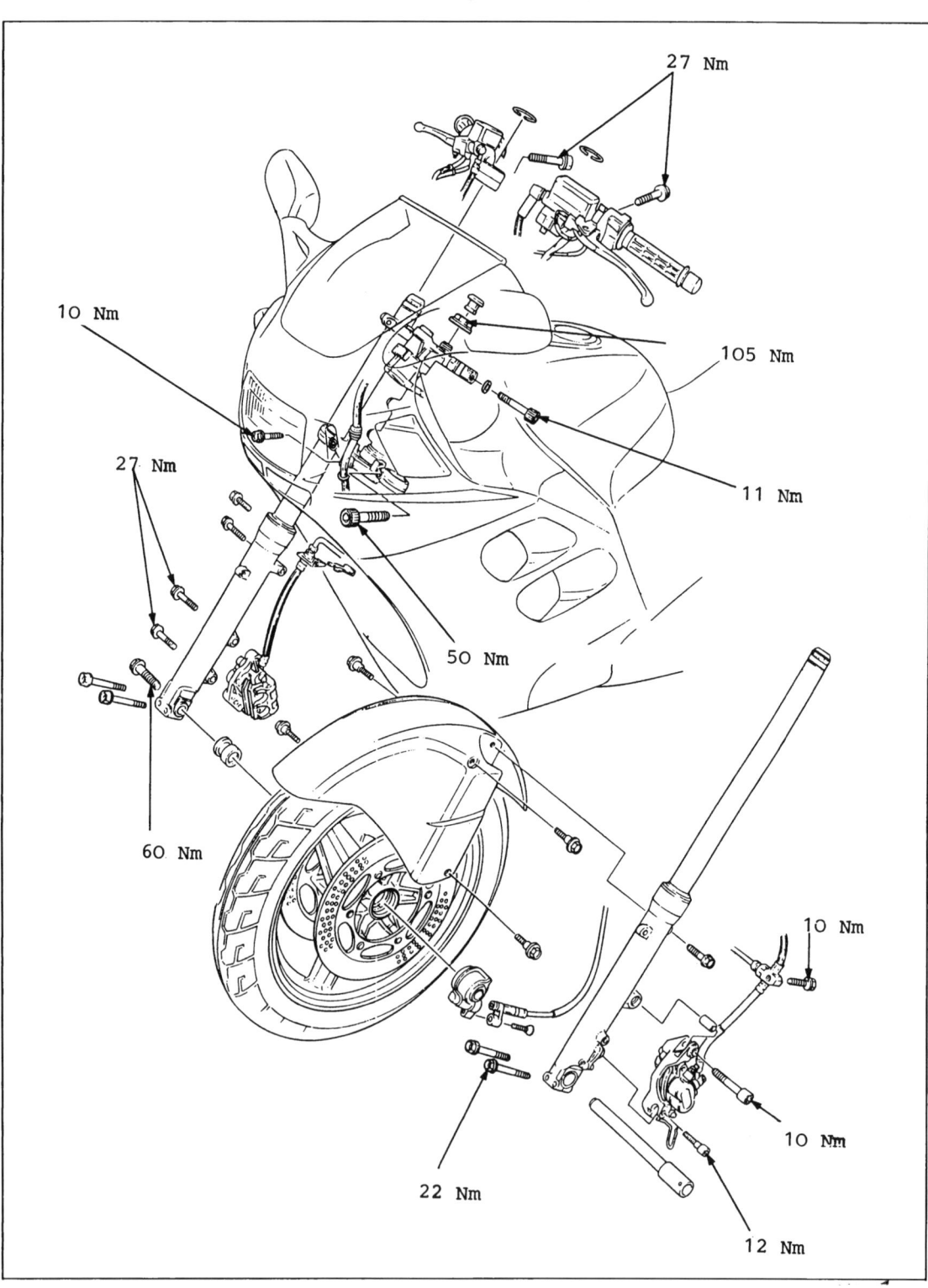

**Bild 220**
Einzelteile Frontpartie mit Anzugsmomenten

### 6.2.3 Bremssattel und Geberzylinder

Vor Zusammenbau alle Teile der hydraulischen Bremsanlage mit sauberer Bremsflüssigkeit reinigen und anfeuchten.
● Feder und Kolben des Geberzylinders einbauen. Darauf achten, dass Dichtlippen nicht umgewendet werden. Feder so einsetzen, dass ihr breites Ende innen liegt.
● Sprengring mit entsprechender Zange installieren. Staubkappe aufziehen und Bremslichtschalter anbringen. Hauptzylinder am Lenker, mit «UP»-Markierung des Halters nach oben anbringen.
● Bremsschlauchverbindung mit neuer Dichtscheibe installieren und anziehen, falls sie entfernt wurde (Drehmoment 30 Nm).
● ⚠ Kolbendichtringe und Staubdichtringe des Bremssattels grundsätzlich durch neue ersetzen, falls sie ausgebaut worden sind.

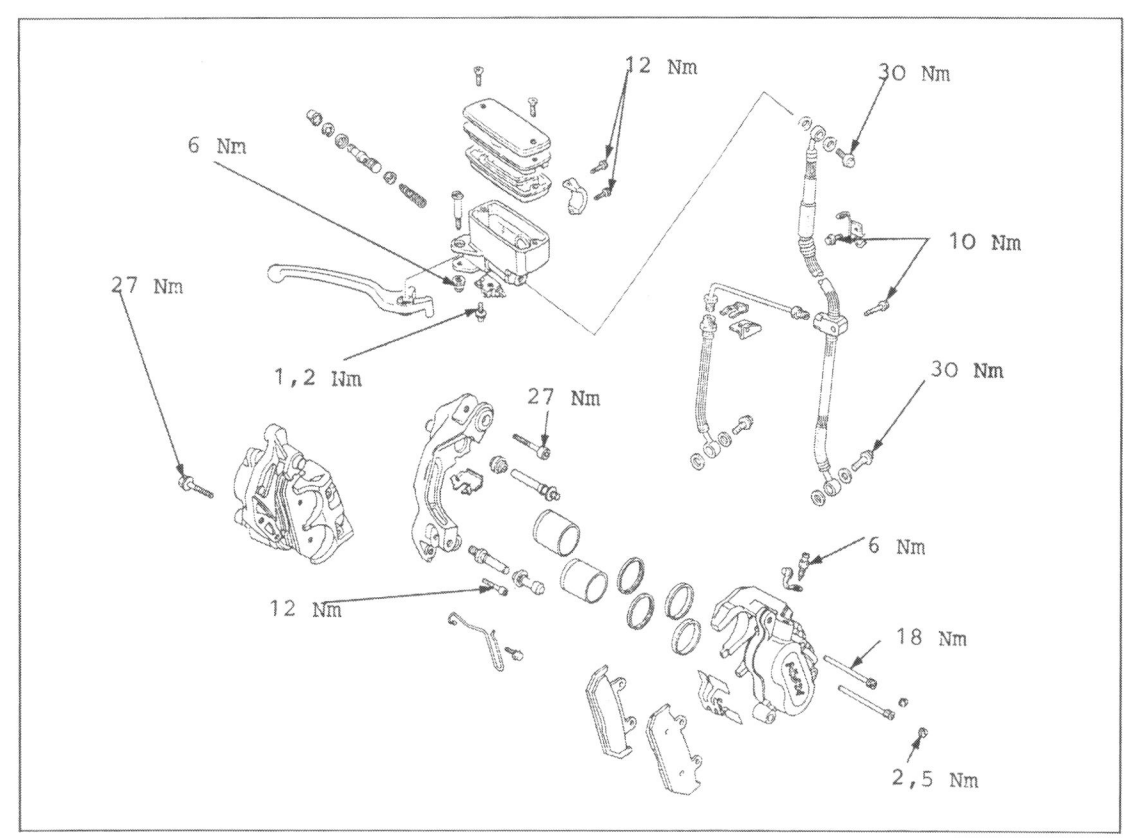

**Bild 221**
Einzelteile Hydrauliksystem
frühe Ausführung

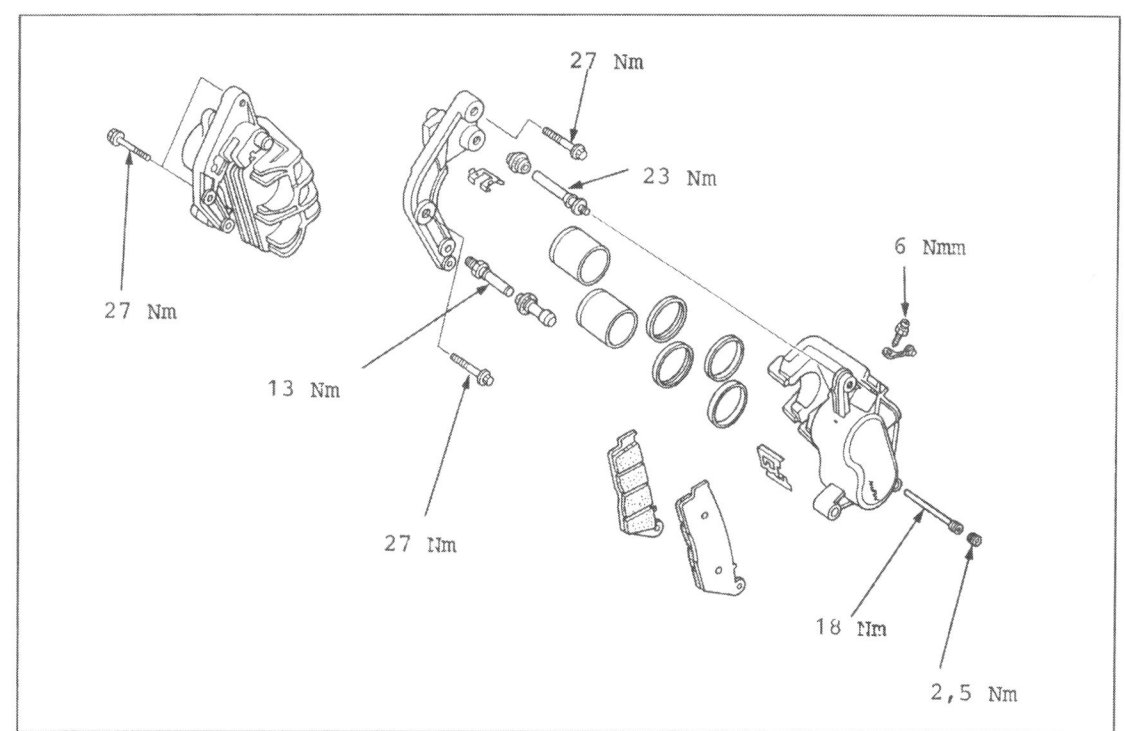

**Bild 222**
Einzelteile Bremssattel
neuere Ausführung

- Dichtringe der **Bremssättel** vor Einsetzen mit Bremsflüssigkeit schmieren. Kolben so einbauen, dass offene Seite auf Bremsbeläge gerichtet ist.

- Belagfeder installieren, siehe Bild 223.
- Beläge einsetzen.
- Bremssattel auf Bremssattelhalter anbringen,

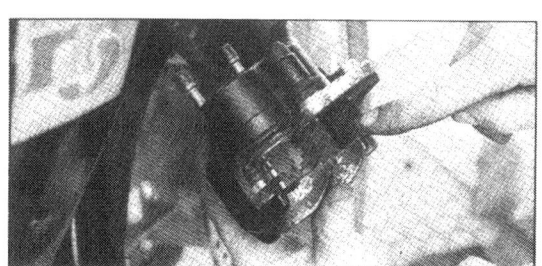

**Bild 223**
Sitz der Belagfeder

**Bild 224**
Kurbelwellenlagerschalen einsetzen

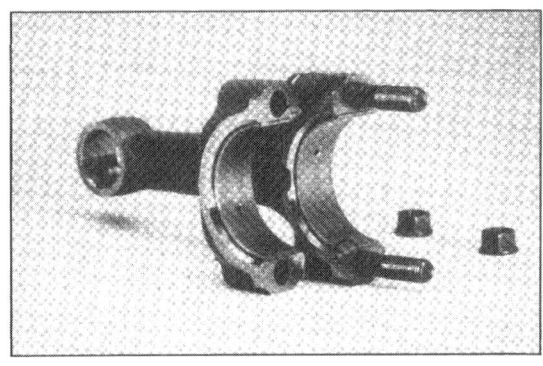

**Bild 225**
Pleuellagerschalen einsetzen

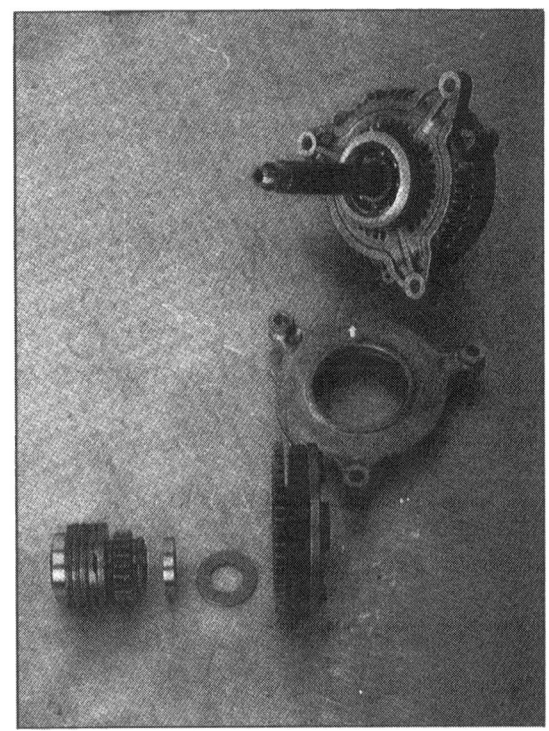

**Bild 226**
Weiss markierten Pfeil beachten

**Bild 227**
Lima-Basis vormontiert einsetzen

dabei Silikonfett auf Bremssattelzapfenschrauben auftragen.
● Bremssattel komplett vormontiert aufsetzen und Halteschrauben anziehen (Drehmoment 27 Nm).
● Bremsschlauch mit Halteschraube und zwei neuen Dichtungsscheiben am Bremssattel anschliessen, Drehmoment 30 Nm.
● Hydrauliksystem befüllen und entlüften, wie auf Seite 22 beschrieben.

## 6.3 Kurbelwelle und Pleuel

● Kurbelwellenlagerschalen in Gehäuse einsetzen, wobei Haltenasen der Schalen auf Nuten im Gehäuse ausgerichtet werden, siehe Bild 224. Kurbelwelle mit Steuerkette, Ölpumpen- und Lima-Kette bestückt vorsichtig in obere Gehäusehälfte absenken.
● Pleuellagerschalen in Pleuelstangen und Lagerdeckel einsetzen; Haltenasen der Lagerschalen in entsprechende Nuten der Pleuelstangen und Lagerdeckel einpassen, siehe Bild 225.
● ⚠ Sichergehen, dass Pleuel an ursprünglichem Platz montiert sind, entsprechend der beim Ausbau gemachten Kennzeichnung, d. h. Ölbohrungen der Pleuel weisen entgegen der Kurbelwellendrehrichtung.
● Kurbelzapfen mit $MoS_2$-Paste oder entsprechendem Produkt fetten und Pleuelstangen mit Lagerdeckeln montieren (je zwei Muttern geölt schrittweise abwechselnd anziehen; Anzugmoment des letzten Anzugdurchgangs 36 Nm). Sichergehen, dass Pleuelstangen frei beweglich sind.

## 6.4 Anlasserfreilauf und Lima-Antrieb

Nur neuere Ausführung:
● Scheibenfedern mit Klebstoff (Dichtungsmasse) 3–4 mm breit am Umfang im Federring befestigen.
● Federring mit Federscheiben nach innen weisend auf Lima-Welle aufschieben.
● Ruckdämpfer (siehe Bild 226) an Antriebskette anbringen und in Kurbelgehäuselagerung mit geöltem O-Ring einführen.
● Lichtmaschinenbasis vormontiert mit Pfeilmarkierung nach oben weisend einführen, siehe Bild 227. Ölbohrungen auf Lima-Welle und Antriebskettenrad müssen fluchten.
● ⚠ Zahnräder der Anlasseruntersetzung mit

Abtrieb in Eingriff bringen. Andernfalls können sie beschädigt werden.

● Schrauben der Lima-Basis mit flüssiger Schraubensicherung versehen und mit 29 Nm anziehen, siehe Bild 77.
● Mutter SW 14 in Bild 122 mit 50 Nm anziehen. Es folgt Deckel mit Schraube SW 8, siehe Bilder 228 und 229.
● Kettenspanner der Lima-Kette montieren: Arretierungszahn mit kleinem Schraubendreher eindrücken und Druckpilz eindrücken, bis Loch

**Bild 228**
Schraube SW 8 mit Kupferscheibe

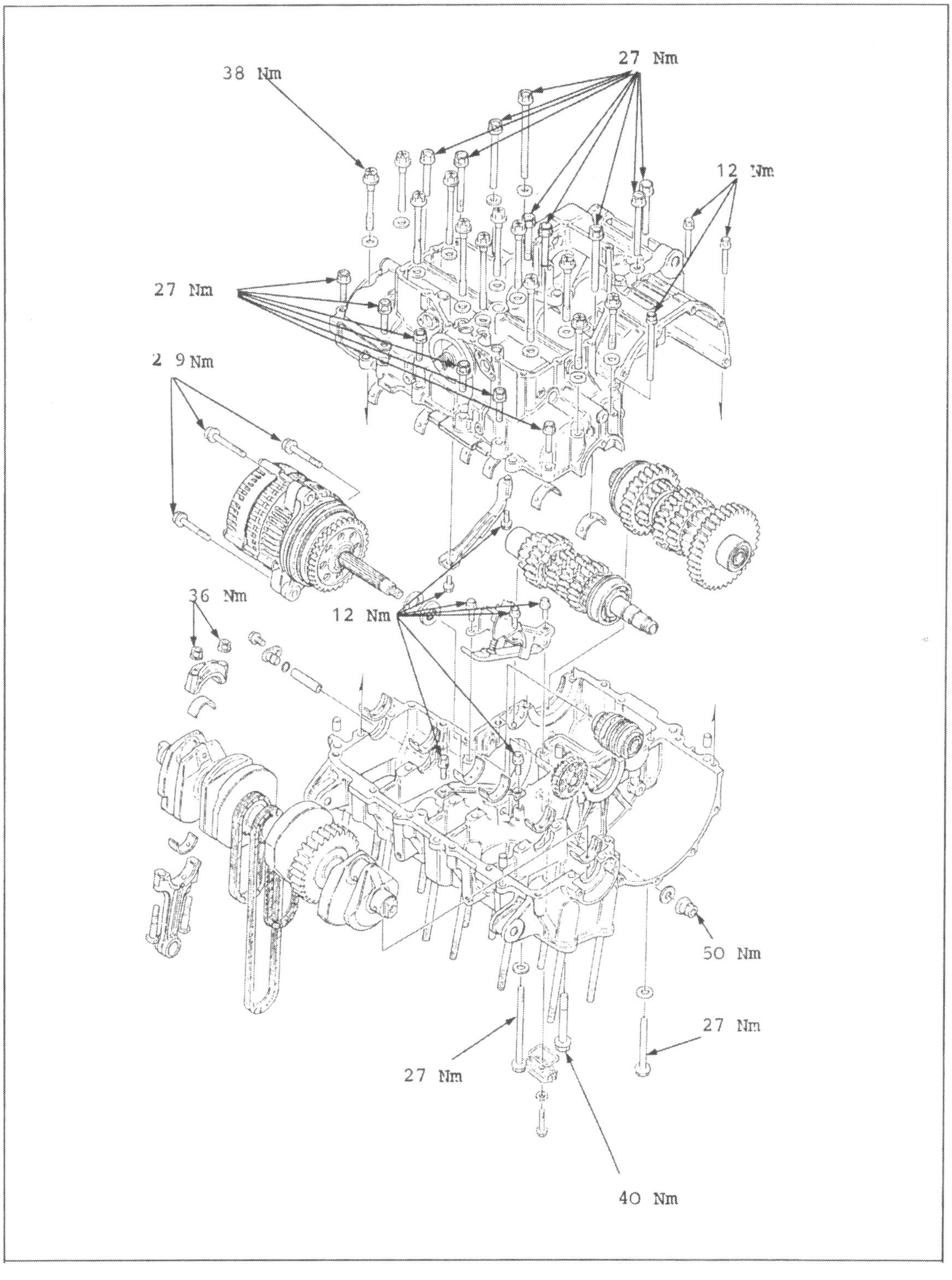

**Bild 229**
Einzelteile Kurbelgehäuse mit Anzugsmomenten

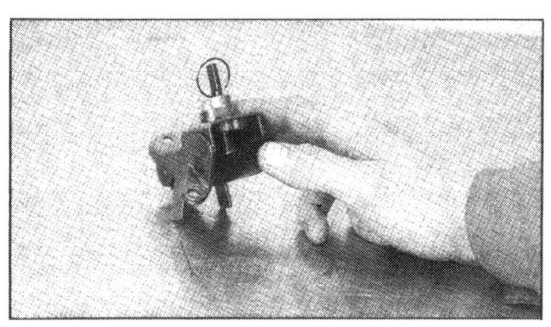

**Bild 230**
Lichtmaschinenkettenspanner vormontiert

an Stange freikommt. Draht o. ä. in Loch stecken und so Druckpilz arretieren, siehe Bild 230.

● Spanner im Gehäuse anbringen. Flüssige Schraubensicherung verwenden. Draht entfernen und so Druckpilz freigeben.

## 6.5 Getriebe und Kurbelgehäuse

● Bauteile der Haupt- und Nebenwelle wie in Bildern 231 und 232 und in Bildreihe 233 bis 244 verwenden! Darauf achten, dass Sprengringe einwandfrei in ihren Nuten sitzen und Stossfugen

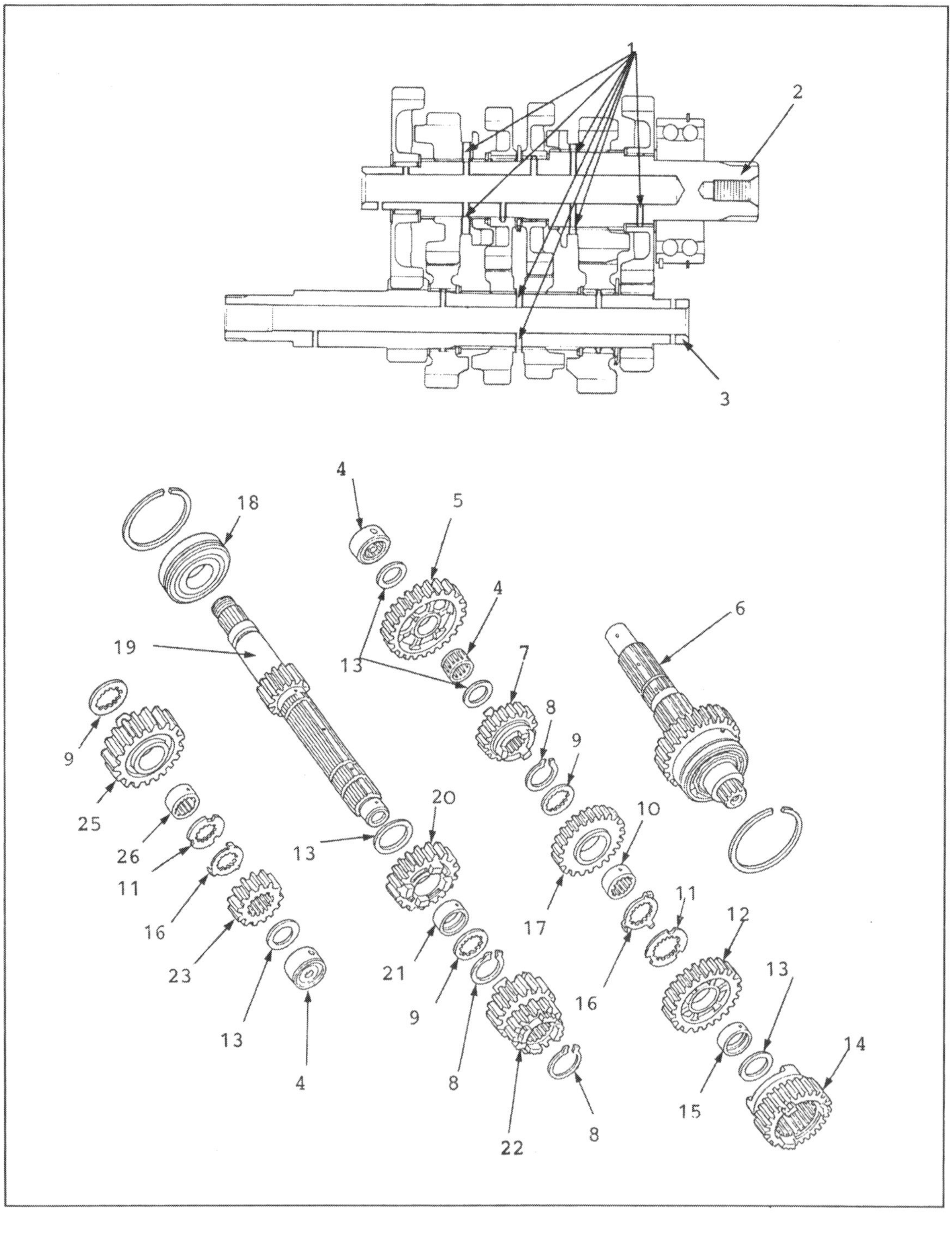

**Bild 231**
Einzelteile Getriebe
(alte Ausführung)
1 Ölbohrung
2 Nebenwelle
3 Hauptwelle
4 Nadellager
5 C1-Rad
6 Nebenwelle/C2-Rad (33 Z)
7 C5-Rad (27 Z)
8 Sicherungsring
9 verzahnte Scheibe
10 C4-Buchse
11 Sicherungsscheibe
12 C3-Rad (28 Z)
13 Scheibe
14 C6-Rad (23 Z)
15 C3-Buchse
16 Sicherungsplatte
17 C4-Rad (26 Z)
18 Hauptwellenlager
19 Hauptwelle/M1-Rad (12 Z)
20 M5-Rad (23 Z)
21 M5-Buchse
22 M3/M4-Rad (17/19 Z)
23 M2-Rad (15 Z)
25 M6-Rad (22 Z)
26 M6-Buchse

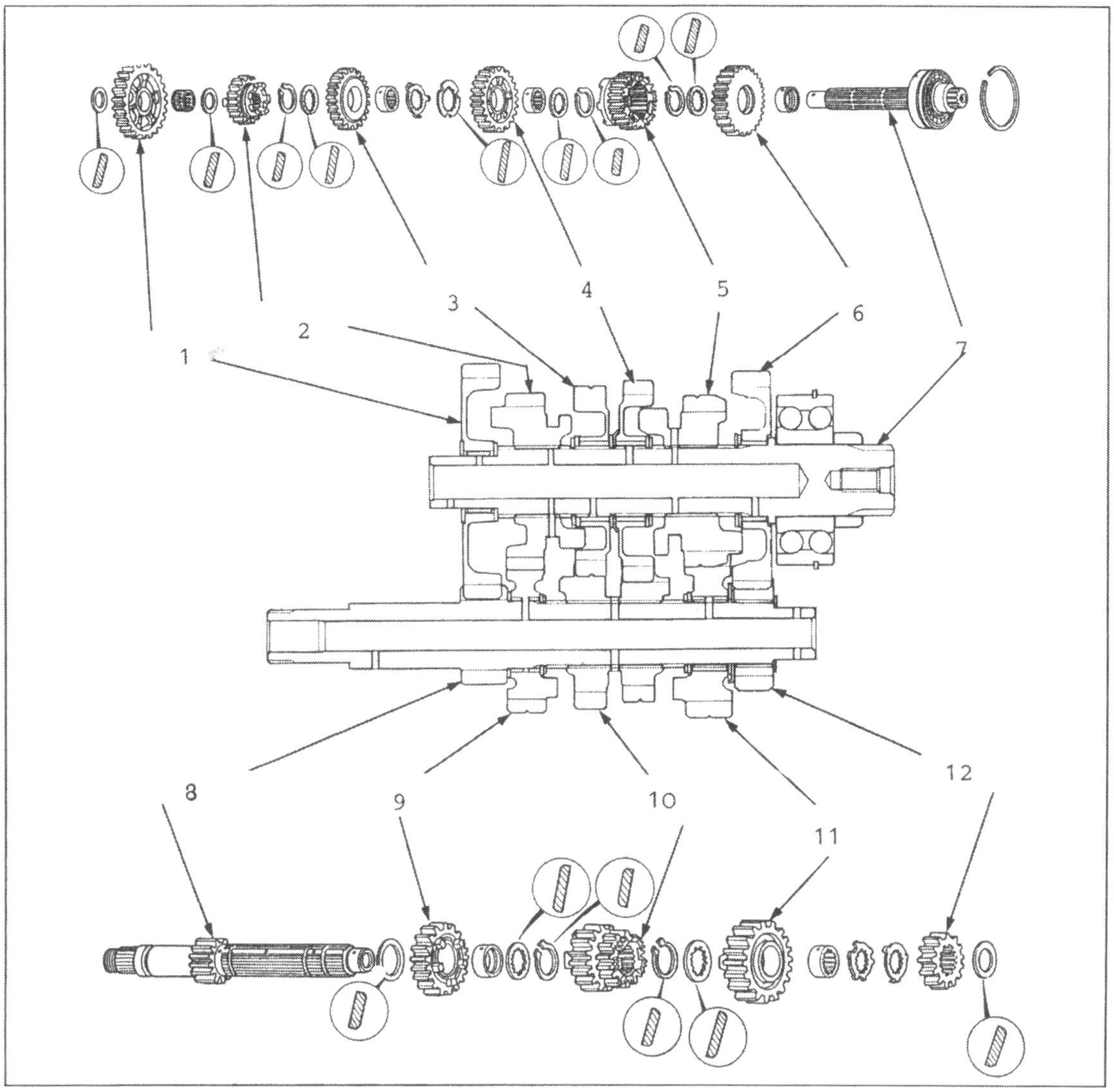

**Bild 232**
Einzelteile Getriebe
(neuere Ausführung)
1 C1-Rad (33 Z)
2 C5-Rad (27 Z)
3 C4-Rad (26 Z)
4 C3-Rad (28 Z)
5 C6-Rad (23 Z)
6 C2-Rad (31 Z)
7 Nebenwelle
8 Hauptwelle/M1-Rad (12 Z)
9 M5-Rad (23 Z)
10 M3/M4-Rad (17/19 Z)
11 M6-Rad (22 Z)
12 M2-Rad (15 Z)

**Bild 233** ◄
Auf die Nebenwelle
mit Zahnrad C2…

**Bild 234**
…kommt Scheibe, Zahnrad
C3 mit Buchse und innen-
verzahnte Scheibe samt
Verriegelungsplatte

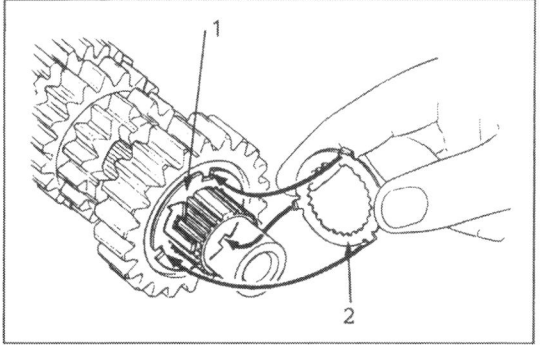

**Bild 235** ◄
1 Scheibe
2 Verriegelungsplatte

**Bild 236**
Es folgt Zahnrad C4
mit Buchse, innenverzahnte
Scheibe und Sicherungsring

75

**Bild 237**
1 Sicherungsring
2 Welle

**Bild 238** ▶
Es folgt Zahnrad C5, Scheibe, Nadellager, Scheibe und nochmals Nadellager

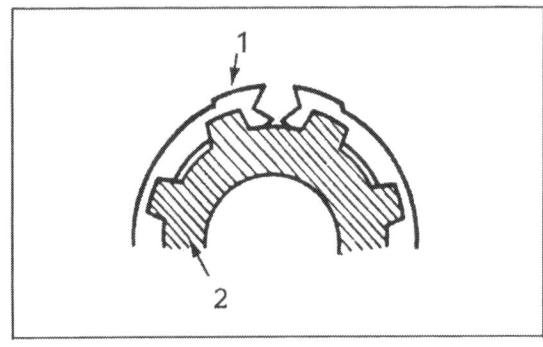

**Bild 239**
Nebenwelle komplett

**Bild 240** ▶
Auf die Hauptwelle kommt Zahnrad M5 mit Buchse

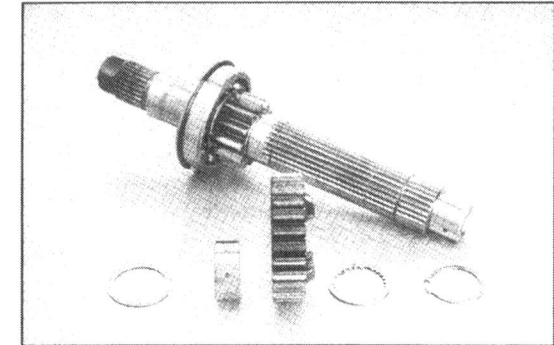

**Bild 241**
Ölbohrungen müssen fluchten

**Bild 242** ▶
Vorletztes Zahnrad M6

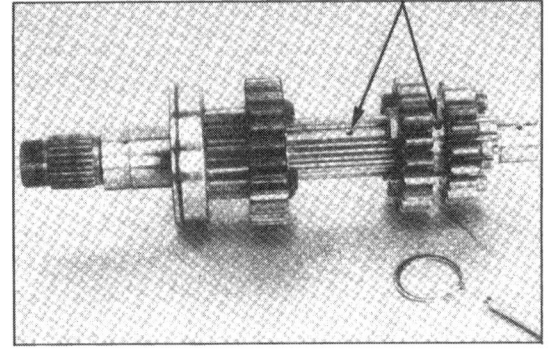
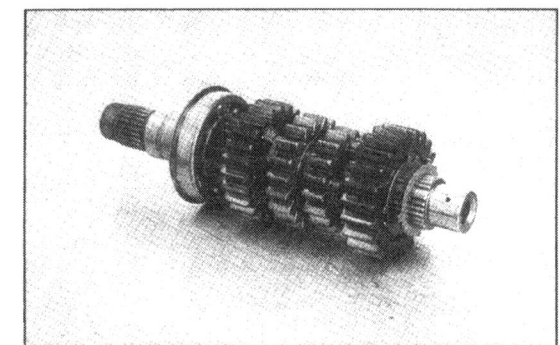

**Bild 243**
Hauptwelle komplett

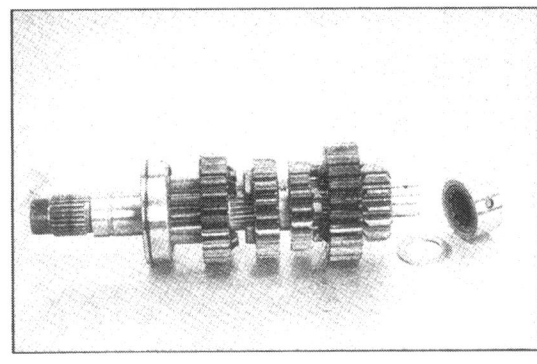

**Bild 244** ▶
Wellen einsetzen

**Bild 245**
O-Ring (1) nicht vergessen!

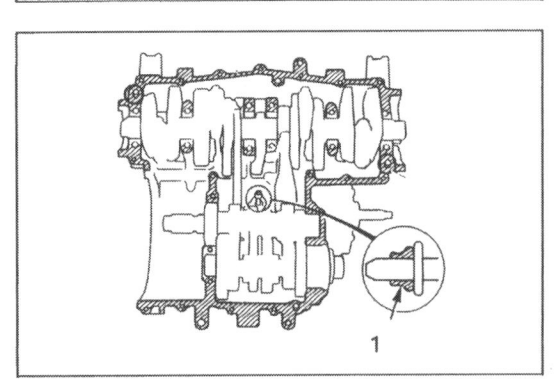

auf Stege der Keilverzahnung ausgerichtet sind. Reichlich MoS$_2$-Fett oder entsprechendes Produkt beigeben.
Zahnräder auf Leichtgängigkeit und Bewegungsfreiheit auf der Welle prüfen.
- Ölblende und Stift wie in Bild 244 gezeigt anbringen und Haupt- und Nebenwelle unter Ausrichtung der Ringe und Stifte an den Lagern, die in ihre Nuten und Aussparungen einspuren müssen, in Kurbelgehäuse einsetzen.
- Spezial-O-Ring wie in Bild 245 gezeigt anbringen und auf peinlich sauber entfetteten Dichtflächen beidseitig möglichst dünnen Dichtmassefilm (Hylomar o. ä.) auftragen.
- ⚠ Dichtmasse nicht zu nahe der Hauptlager und konischen Löcher auftragen.
- Gehäusehälften zusammenfügen und die in Bild 120 eingekreisten Schrauben anbringen. 9 mm-Schrauben (Hauptlagerschrauben) und untere 8 mm-Schrauben (mit Pfeilmarkierung) mit Kupfer-Unterlagscheiben versehen. Sämtliche Schrauben in 2 bis 3 Durchgängen über Kreuz anziehen.
Anzugsmoment des letzten Durchgangs für die 9 mm-Schrauben: 38 Nm; 8 mm-Schrauben: 27 Nm.
- 6 mm-Schrauben (3 Stück) anziehen.
- Auf der Oberseite des Gehäuses (siehe Bild 121) genauso 10 mm-Schraube (40 Nm) und zwei 8 mm-Schrauben (27 Nm) mit Unterlagscheiben anziehen.

## 6.6 Schaltwalze und Schaltautomat

- Schaltgabeln (siehe Bild 246) entsprechend ihrer Kennzeichnung R = rechts, C = Mitte und L = links einsetzen.
- Schaltwalze und Schaltgabelwelle einschieben, siehe Bild 247.
- Nur frühe Ausführung: Mittlere Schaltgabel auf Schaltgabelwelle mit Schraube befestigen und Lappen des Sicherungsblechs anlegen.
- Nur neuere Ausführung: Halteblech der Schaltgabelwelle mit zwei Schrauben (flüssige Schraubensicherung verwenden) montieren.
- Schaltwalzenhalteblech und Schaltwalzenarretierung (Bild 248) anbringen, siehe Bild 249. Flüssige Schraubensicherung auf den ersten 5 bis 8 Millimetern der in Bild 249 montierten Schraube auftragen.
- Schaltsegment und Schaltwelle wie in Bildern 250 bis 254 gezeigt montieren.
- Dichtmasse wie in Bild 255 gezeigt auftragen, Passhülsen und neue Dichtung anbringen. Dichtlippen der Wellendichtringe fetten.
- Gehäusedeckel anbringen, siehe Bild 115.

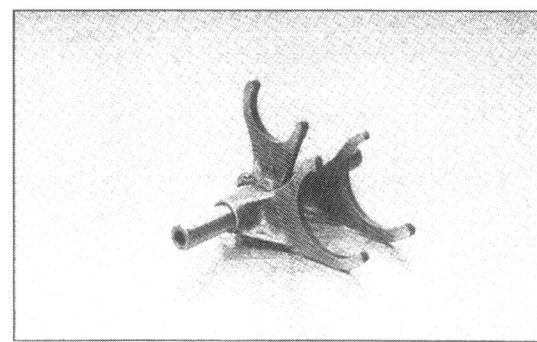
**Bild 246**
Schaltgabeln

**Bild 247**
Schaltgabelwelle einschieben

**Bild 248**
Schaltwalzenarretierung

**Bild 249**
Schaltwalze Stellung «NEUTRAL»

**Bild 250**
Einzelteile Schaltsegment

**Bild 251**
Schaltsegment vormontiert von hinten

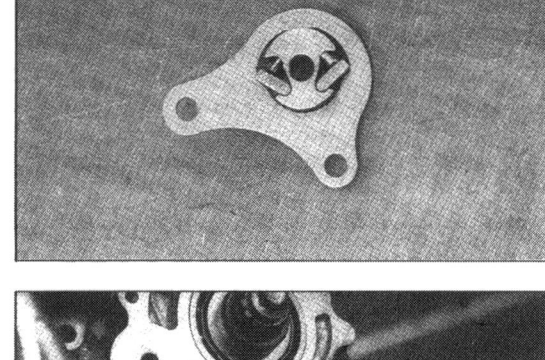

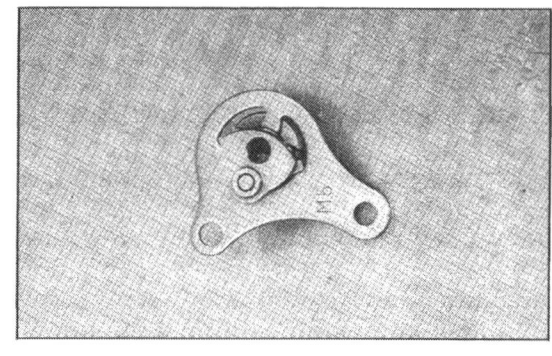

**Bild 252** ▶
Schaltsegment von vorn

**Bild 253**
Schaltwelle einsetzen

**Bild 254** ▶
Schaltmechanismus komplett

**Bild 255**
Im schraffierten Bereich Dichtmasse auftragen
1 Dichtung

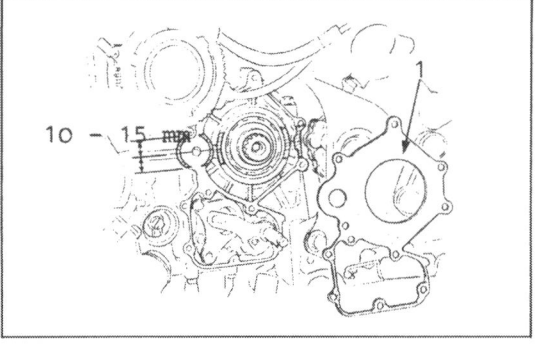

**Bild 256** ▶
Balancer-Welle
(Pfeil: Montagenut)

## 6.7 Balancer-Welle

● Strichmarkierung des Balancer-Gewichts auf Körnermarkierung des Antriebszahnrads ausrichten.
● Am Balancer-Gewicht wie in Bild 256 gezeigt Index-Markierung mit Fettstift verlängern. Kurbelwelle wie in Bild 276 gezeigt ausrichten und Balancer-Welle in Gehäuse einführen, Bild 257.
● Welle mit geöltem O-Ring einführen. Innen-⌀-Code der Welle weist nach vorn. Wellensicherungsschraube und Halteschraube (siehe Bild 114) mit flüssiger Schraubensicherung montieren.
Einstellung der Balancer-Welle:
● ⚠ Balancer bei kaltem (unter 35°C) und abgestelltem Motor einstellen.
● Klemmschraube lösen und Welle bis zum Anschlag im Gegenuhrzeigersinn drehen und um einen Teilstrich zurückdrehen. Siehe Bild 258.
● Flüssige Schraubensicherung zur Montage von Klemm- und Halteschraube verwenden.

**Bild 257**
Strichmarkierung muss mit Gehäusemarkierung fluchten

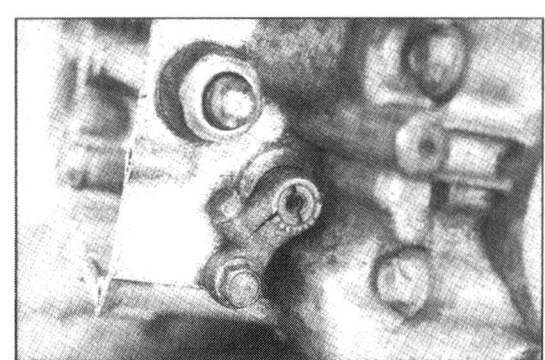

**Bild 258**
Einstellung der Balancer-Welle

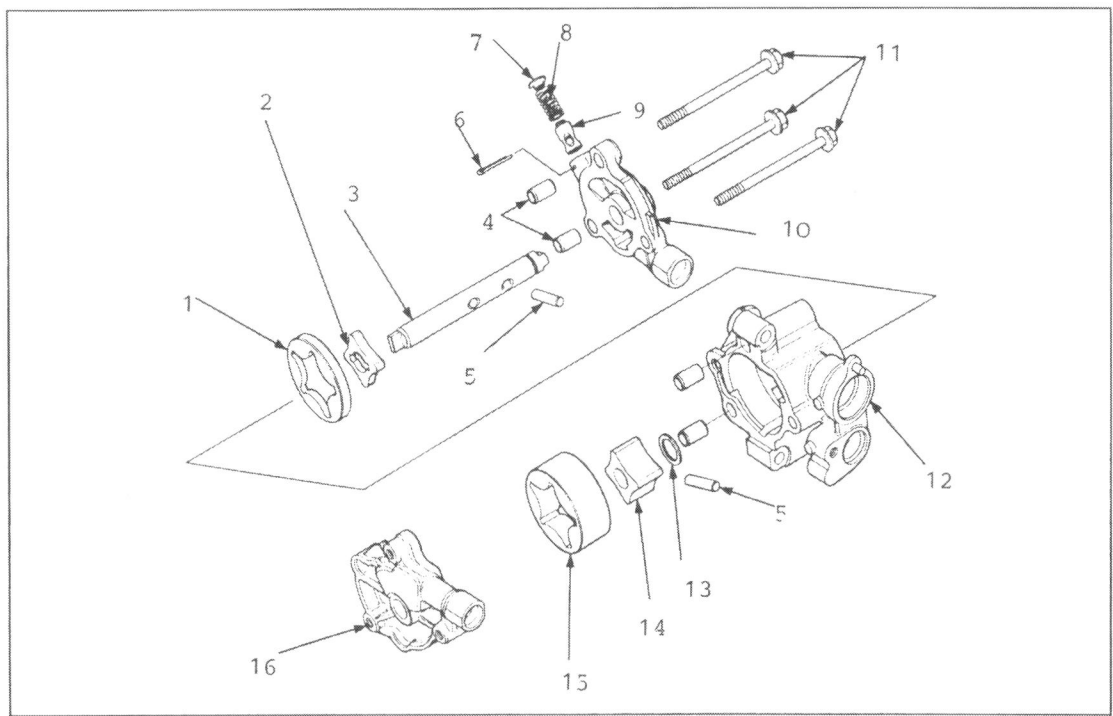

**Bild 259**
Einzelteile/Ölpumpe
1 Kühlerpumpe/Aussenrotor
2 Kühlerpumpe/Innenrotor
3 Ölpumpenwelle
4 Passhülsen
5 Antriebsstift
6 Splint
7 Halter
8 Feder
9 Überdruckventil
10 Kühlerpumpendeckel
11 Schrauben
12 Ölpumpengehäuse
13 Scheibe
14 Förderpumpe/Innenrotor
15 Förderpumpe/Aussenrotor
16 Förderpumpendeckel

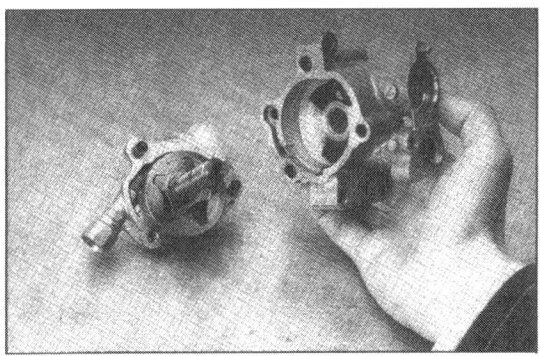

**Bild 260** ◀
Körnermarkierung der Förderpumpe muss zum Gehäuse weisen

**Bild 261**
Körnermarkierung der Kühlerpumpe muss zum Gehäusedeckel weisen

## 6.8 Ölpumpe

● Pumpenwelle im Gehäusedeckel anbringen. Es folgen Förderpumpenrotoren.

●⚠ Aussenrotor der Förderpumpe mit Körnermarkierung nach innen weisend ins Pumpengehäuse einsetzen.

● Mitnehmerstift und Scheibe an Ölpumpenwelle anbringen. Zwei Passhülsen einsetzen und Gehäuse schliessen, siehe Bild 260.

● Antriebsstift der Kühlerpumpe anbringen und Rotoren einsetzen.

●⚠ Körnermarkierung des Aussenrotors weist zum Gehäusedeckel.

● Zwei Passhülsen einsetzen und Gehäuse mit drei Schrauben SW 10 (fest anziehen) schliessen, siehe Bild 261.

● Kolben, Feder und Halter des Überdruckventils einbauen, siehe Bild 262. Neuen Splint verwenden!

● Drei Passhülsen und O-Ring einsetzen und Ölpumpe mit drei Schrauben befestigen, siehe

**Bild 262**
Einzelteile des Überdruckventils mit neuem Splint sichern

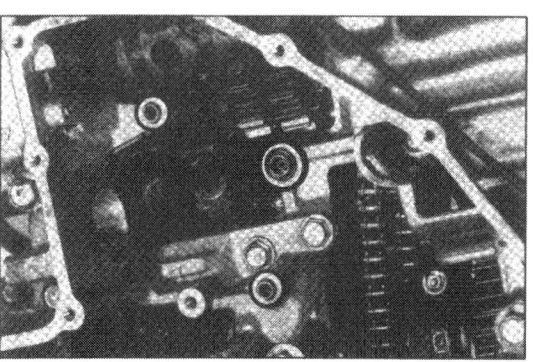

**Bild 263**
Drei Passhülsen und O-Ring einsetzen

**Bild 264**
«OUT»-Markierung
muss nach aussen weisen

**Bild 265** ▶
Einzelteile Überdruckventil

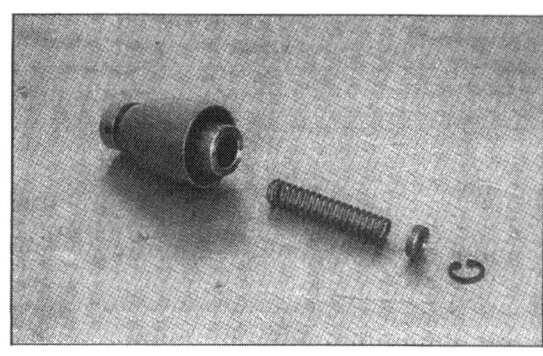

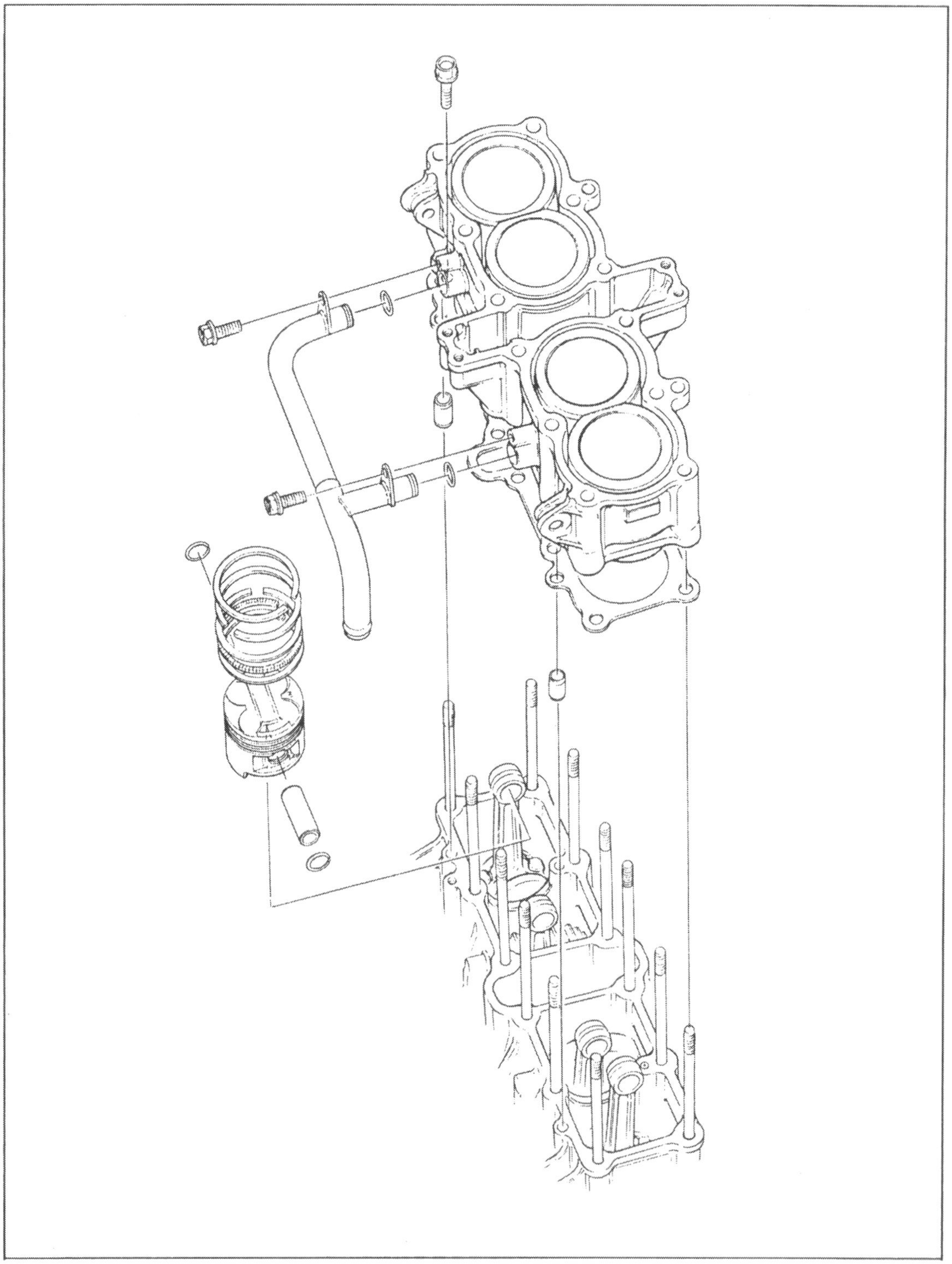

**Bild 266**
Zylinder- und
Kolben-Einzelteile

80

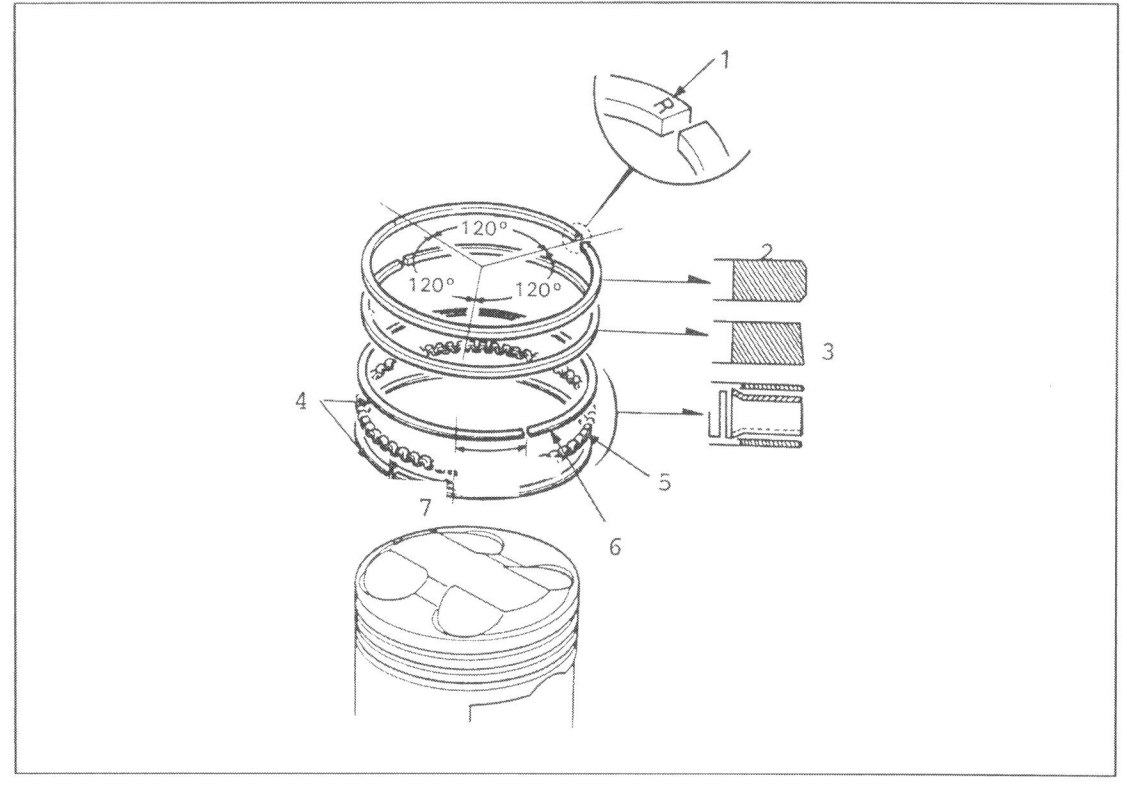

**Bild 267**
Einzelteile/Kolben
1 Markierung
2 oberer Ring
3 zweiter Ring
4 Seitenschiene
5 Distanzring
6 Stossfuge
7 mind. 20 mm

Bild 263. Ölpumpenwelle muss nach Anziehen der Schrauben frei drehbar sein.

● Ölpumpenantriebsrad in Kette einhängen, OUT-Markierung weist zur Kupplungsseite, siehe Bild 264 und Schraube mit flüssiger Schraubensicherung anbringen.

● Überdruckventil (Bild 265), Ölleitungen und Ölsaugglocke (siehe Bild 111) anbringen. Ölwanne mit neuer Dichtung anbringen, siehe Bild 110.

## 6.9 Zylinder/Kolben

● Kolbenringe mit Markierungen nach oben weisend an Kolben montieren, dabei Ringe nicht weiter als unbedingt nötig aufweiten, da sie leicht brechen. Kolbenringstösse versetzt, wie in Bild 267 gezeigt, anordnen.

● Mit Lappen Öffnung des Kurbelgehäuses abdecken, damit Sicherungsringe nicht hineinfallen, Pleuelaugen des Kolbens mit $MoS_2$-Fett schmieren und Kolbenbolzen einschieben.

● ⚠ Kolben mit «IN»-Markierung zum Einlass weisend montieren.

● Kolbenbolzen-Sicherungsringe (unbedingt Neuteile verwenden!) anbringen.

● ⚠ Auf den Verbleib der Steuerkette achten! Eventuell vor vollständigem Absenken der Zylinder mit Draht durch Kettenschacht ziehen.

● Am Zylinderfuss neue O-Ringe anbringen, siehe Bild 268.

● Zwei Passhülsen einsetzen und neue Dichtung auflegen, Kolben «untermauern» und Zylinder (beide gut geölt!) aufstülpen, wobei Kolbenringe mit Fingern oder Ringspannern zusammengedrückt werden. Zuerst Kolben 2 und 3 einführen, dann die äusseren, siehe Bild 269. Schraube SW 10 (Bild 107) anbringen.

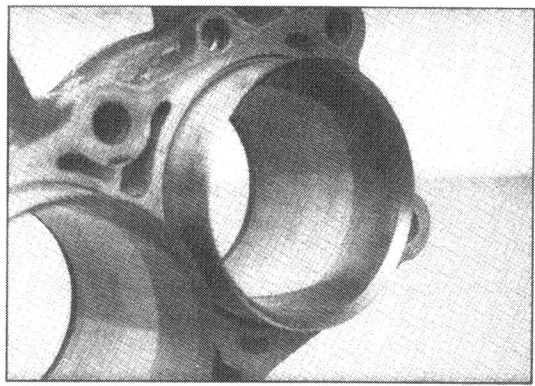

**Bild 268**
O-Ring am Zylinderfuss anbringen

**Bild 269**
Kolben einführen
Kreise: Passhülsen

## 6.10 Zylinderkopf

● Neue Ventilschaftdichtungen montieren.
● Ventilschäfte geölt in Führungen schieben.
● Innere und äussere Ventilfedersitze auflegen und Ventilfedern mit engen Windungen nach unten weisend (zum Zylinderkopf hin) einsetzen. Federteller aufsetzen, mit Ventilfederspanner Federn zusammendrücken und Ventilkeile einsetzen, siehe Bild 271.

● ⚠ Ventilfedern nicht mehr als unbedingt nötig zusammendrücken.
● Mit Gummihammer leicht auf Ventilschäfte klopfen, damit sich Ventilkeile setzen.
● Schlepphebel provisorisch nach Bild 272 einstellen und mit Gummihammer in Schwenksitz drücken.
● Zwei Passhülsen pro Schlepphebel-Führungsblech anbringen und Führungen samt Federblechen montieren.
● Zwei Passhülsen einsetzen, neue Dichtung

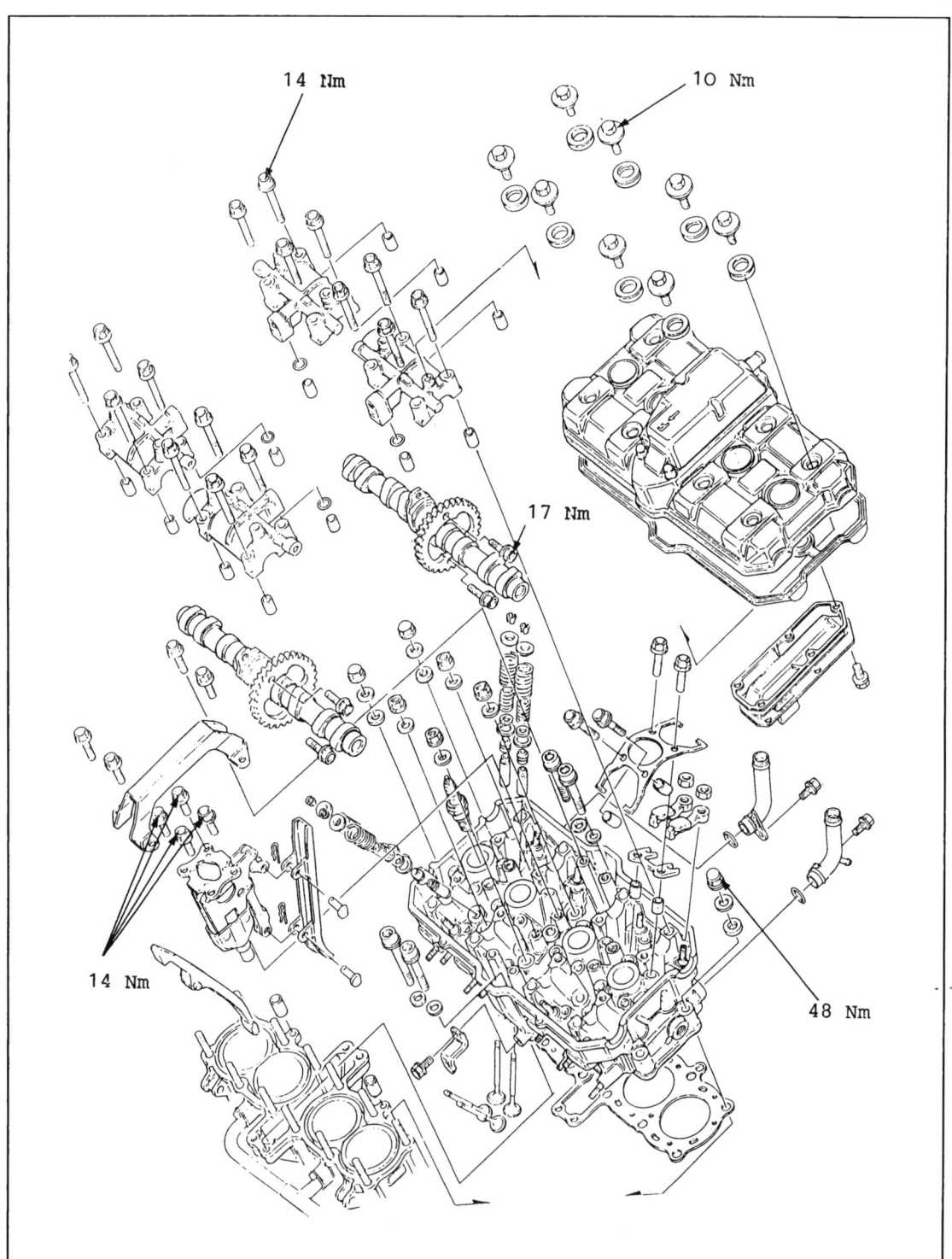

**Bild 270**
Einzelteile/Zylinderkopf

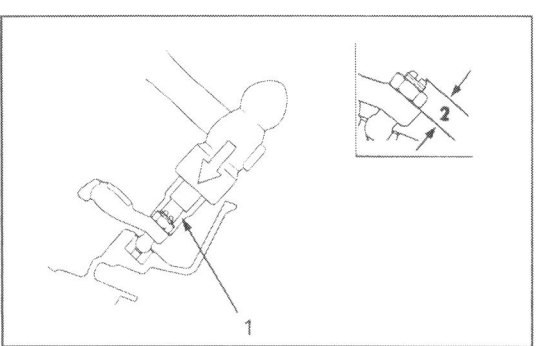

**Bild 271** ◄
Federn so wenig wie möglich spannen

**Bild 272**
Schlepphebel einsetzen
1 Steckaufsatz
2 Abstand: 7 mm

**Bild 273**
Zwei Passhülsen und Dichtung montieren

**Bild 274** ◄
Ölleitblech einsetzen

**Bild 275**
am Spannerarm (1) durch Pumpen entleeren
2 Feder
3 Gehäuse

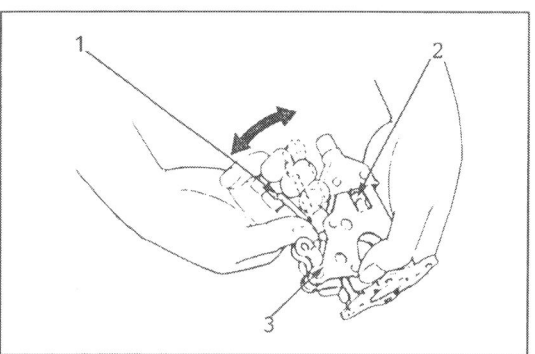

**Bild 276** ◄
Markierungen fluchten:
Stellung OT für Zylinder 1 und 4

**Bild 277**
Zuerst die linken Lagerböcke montieren

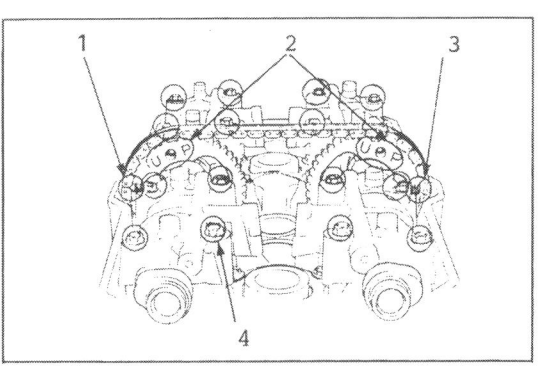

**Bild 278** ◄
Nockenwellen-Montage
1 EX-Marke
2 UP-Marke
3 IN-Marke
4 Schraube SW 12
   Anzugmoment 14 Nm

83

**Bild 279**
1 Spannerarm

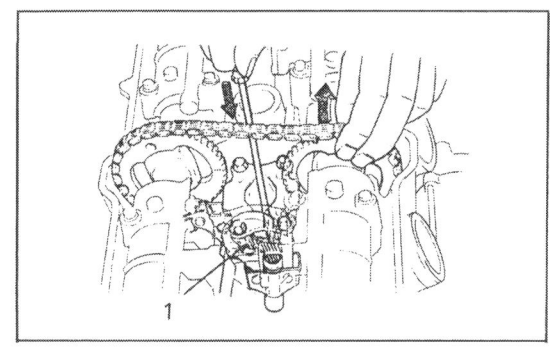

**Bild 280**
1 UP-Marken

**Bild 281**
Loch auf Wellenstumpf weist zum Pleuel

**Bild 282**
IN- und EX-Marke müssen fluchten

**Bild 283**
1 Ölkammer

**Bild 284 ▶**
1 Stifte
2 Schraubenkopflage
3 Isolatoren

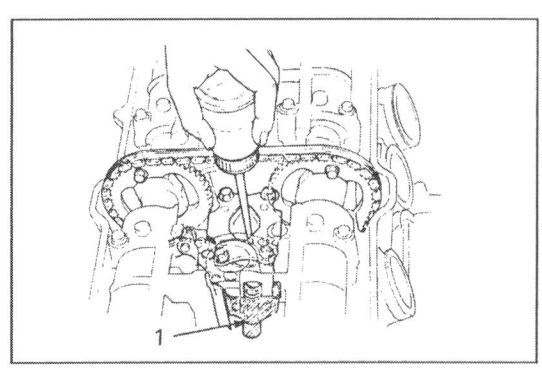

auflegen und starre Kettenspannerschiene provisorisch einsetzen, siehe Bild 273.
● Zylinderkopf aufsetzen, dabei Steuerkette mit Draht durch Steuerkettenschacht ziehen und sichern. Bevor Zylinderkopf aufsitzt, starre Steuerkettenschiene in ihren Sitz absenken, siehe Bild 105.
● Ölleitblech einsetzen, siehe Bild 274.
● Zylinderkopfmuttern (Bild 104) in mehreren Durchgängen von innen nach aussen anziehen. Anzugsmoment des letzten Durchgangs: 48 Nm.
● Steuerkettenspanner: Spanner entleert und mit Schiene versplintet montieren, siehe Bilder 275 und 103.
● Zur Nockenwellenmontage Kurbelwelle im Gegenuhrzeigersinn drehen bis die Indexmarken links auf der Kurbelwelle fluchten, siehe Bild 276.
● ⚠ Einlass-Nockenwelle ist mit «IN», Auslass-Nockenwelle mit «EX» markiert.
● Nockenwellen gefettet ($MoS_2$) mit übergestreiften Kettenrädern in gefettete Lagerschalen legen. Beschriftungen der Kettenräder weisen nach links.
● Nockenwellenlagerdeckel in ursprünglicher Position mit drei Passhülsen und O-Ring anbringen, siehe Bild 277, Stellung der Nockenwellen siehe Bild 278. Lagerdeckel sind markiert: «INR»- Einlass, rechts; «EXR»- Auslass, rechts; «EXL»- Auslass, links.
● Lagerdeckelschrauben in 2 bis 3 Durchgängen anziehen. Anzugsmoment: 14 Nm.
● «IN»-Marke an Einlassnocke und «EX»-Marke an Auslassnocke auf Dichtfläche des Zylinderkopfs ausrichten und Steuerkette auf Räder hängen.
● ⚠ Steuerkette muss vollständig im Eingriff mit Kettenrad der Kurbelwelle sein!
● Steuerkettenspannerarm mit Schraubendreher niederdrücken und Kettenräder auf Flanschschultern der Nockenwellen ziehen, siehe Bild 279.
● Schraubenlöcher durch leichtes Drehen der Kurbelwelle ausrichten und Schrauben mit flüssiger Schraubensicherung anbringen, Anzugsmoment 17 Nm, siehe Bild 280. Zuerst Schrauben der «UP»-Markenseite montieren.
● Indexmarken am linken Kurbelwellenstumpf

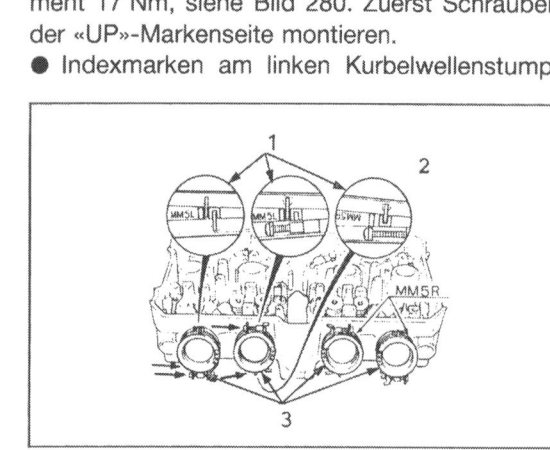

wieder ausrichten, siehe Bilder 281 und 276, und kontrollieren, ob «IN»- und «EX»-Marken mit Dichtfläche fluchten, siehe Bild 282. Steuerketten-Führungsschiene montieren (Innensechskantschrauben SWS).
● Steuerkettenspanner-Ölkammer mit sauberem Motoröl befüllen, siehe Bild 283.
● Ventileinstellung und Zylinderkopfdeckelmontage siehe Seite 17, Einbaulage der Ansaugstutzen siehe Bild 284.

## 6.11 Motoreinbau

Motoreinbau erfolgt im wesentlichen in umgekehrter Reihenfolge des Ausbaus, siehe Seite 32.

● Motor mit hydraulischer Stütze auf Aufhängungspunkte ausrichten und Aufhängungsschrauben anbringen.
● Motoraufhängungseinsteller (Bild 95, Seite 34) mit 8 Nm anziehen, Gegenmutter mit 25 Nm anziehen.
● Übrige Schraubverbindungen mit vorgeschriebenem Drehmoment anziehen, siehe Bild 285.
● Auspuffanlage, Vergaser, Kühlmittel- und Ölleitungen anbringen, siehe Bild 285.
● Sämtliche Elektrik-Verbindungen installieren (Lima, Zündimpulsgeber, Anlasser, Leerlauf und Öldruck).
● Züge und Kabel wie in Kapitel 7, Seite 97 verlegen.

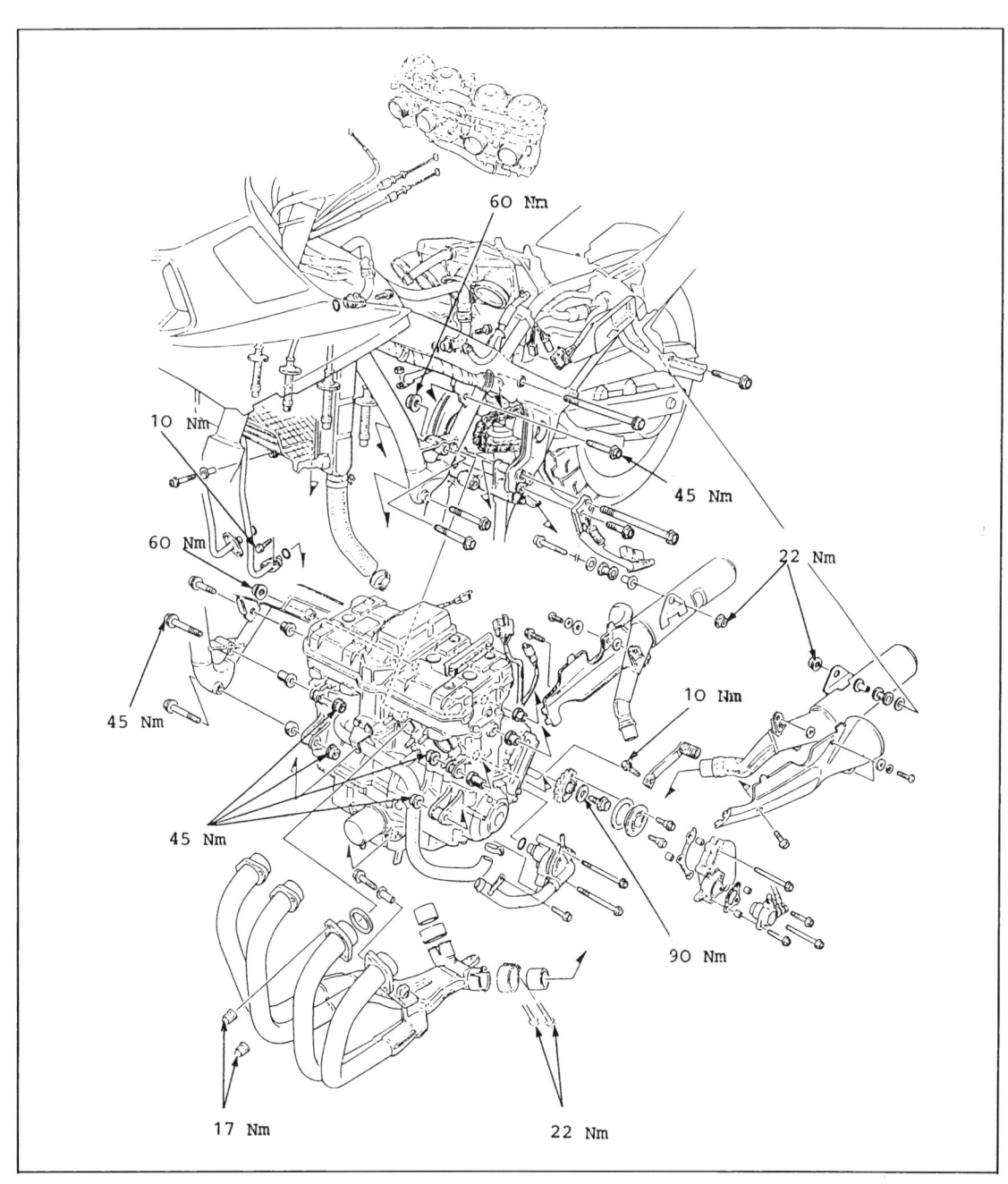

**Bild 285**
Übersicht Motoreinbau mit Anzugsmomenten

### 6.11.1 Ritzelmontage

● Antriebskette auf Ritzel auflegen und Ritzel mit markierter Seite nach aussen weisend montieren, siehe Bild 286.
● Zwei Schrauben SW 10 mit flüssiger Schraubensicherung versehen und fest anziehen, siehe Bild 90, Seite 33.
● Ritzelabdeckung (2 Passhülsen) und Schalthebel anbringen.
● Druckstange einschieben, zwei Passhülsen und Dichtung einsetzen, siehe Bild 287. Kupplungsnehmerzylinder montieren, siehe Bild 85.
● Antriebskette spannen, siehe Seite 21.

### 6.11.2 Inbetriebnahme des überholten Motors

● Motor mit Öl (4,5 Liter) befüllen, alle nötigen Kontroll-und Einstellarbeiten an Antriebskettenspannung, Vergaser und Gaszugbetätigung vor dem ersten Start durchführen.
● Es kann sein, dass Abgase des Motors in den ersten Minuten des Motorlaufes stark blaue Färbung haben, was auf Verbrennung desjenigen Motoröls zurückführen ist, das bei der Montage des Motors aus Sicherheitsgründen in etwas reichlichem Masse beigegeben wurde. Also nicht von der beschriebenen Erscheinung beunruhigen lassen.
● ⚠ Vor Teilnahme am öffentlichen Strassenverkehr Bremsen, Lichtanlage, Blinker, Kupplung und Gangschaltung auf Funktionstüchtigkeit prüfen.
● ⚠ Die bei der Überholung des Motors neu eingebauten Motorenteile benötigen eine gewisse Einlaufzeit. Deshalb während der ersten 1000 km Fahrstrecke den Motor nicht im oberen Drehzahlbereich «jubeln» lassen, ihn aber auch nicht untertourig Steigungen «hinaufquälen».
● Nach etwa 500 km Ventilspiel kontrollieren und im Rahmen eines Ölwechsels neues Ölfilter spendieren.

## 6.12 Kupplung

● Stellung der Kurbelwange des rechten Zylinders (Bild 84, Seite 31) beachten, Kurbelwange muss senkrecht nach oben oder unten weisen.
● Anlaufscheibe auf Hauptwelle anbringen. Kupplungskorb mit gefettetem ($MoS_2$) Primärtrieb aufsetzten und mit Kurbelverzahnung in Eingriff bringen.
● Kupplungskorb-Lagerhülse und Nadellager gefettet auf Hauptwelle schieben.
● Kupplungs-Innenkorb mit Unterlagscheibe der Kupplungszentralmutter aufschieben.
● ⚠ Neue Zentralmutter verwenden.
● Hauptwelle bzw. Kupplungs-Innenkorb mit-

**Bild 286**
OUTSIDE-Markierung nach aussen

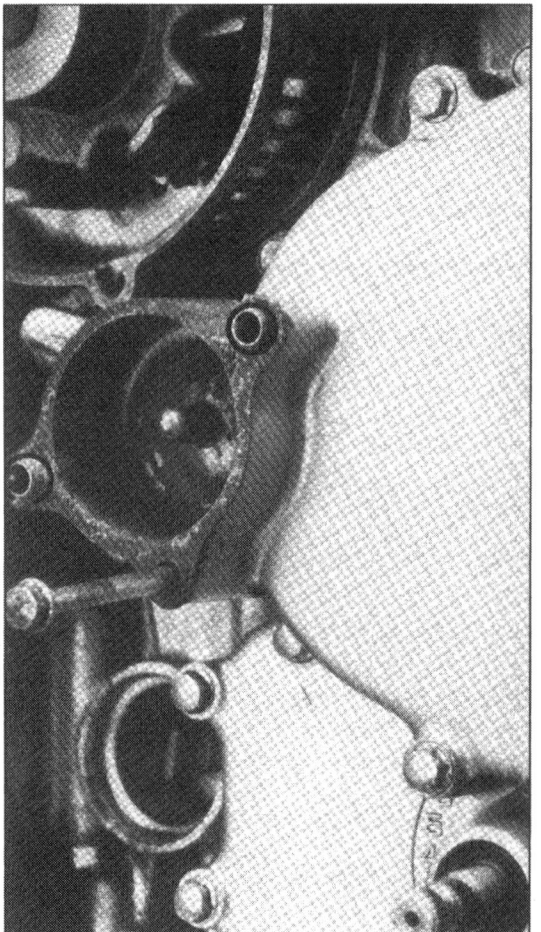

**Bild 287**
Kupplungsnehmerzylinder-Aufnahme: Passhülsen nicht vergessen

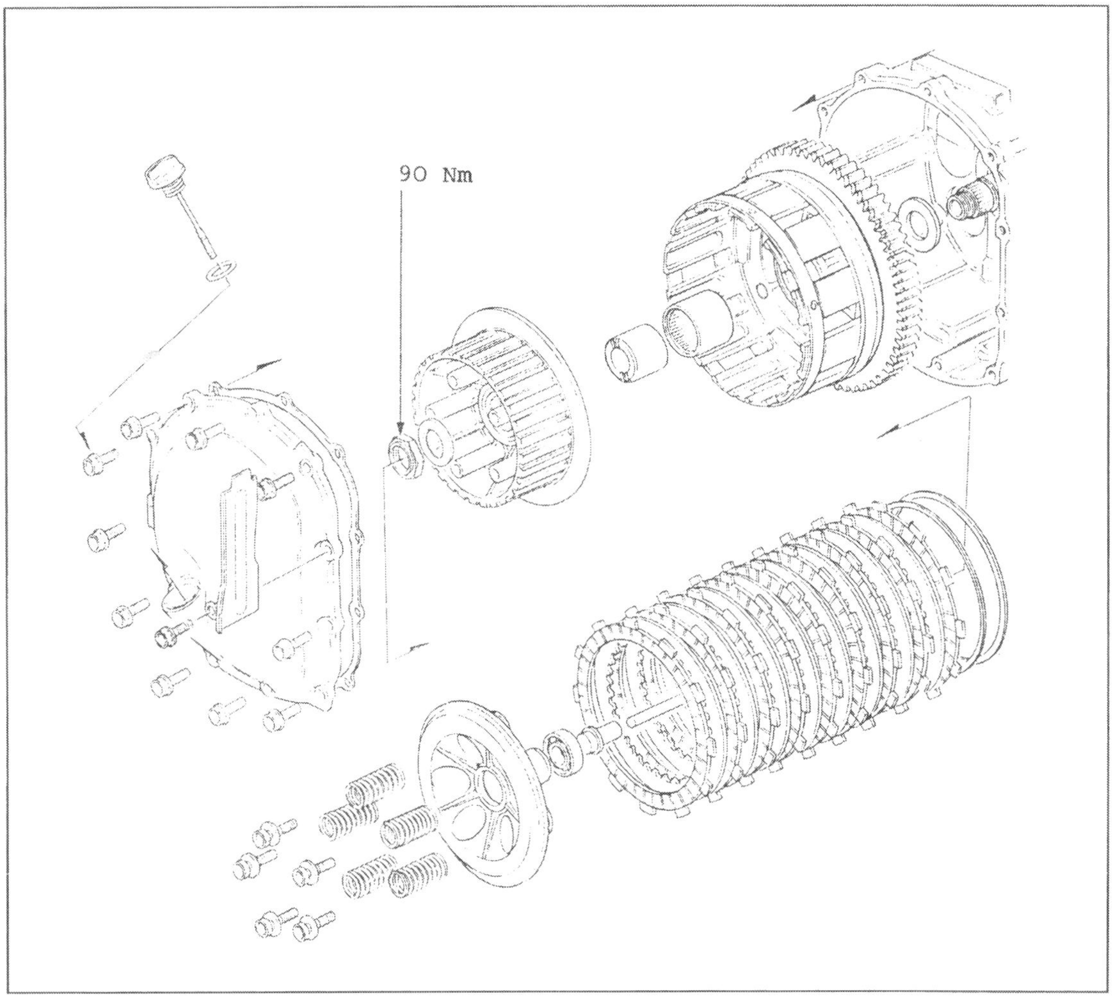

**Bild 288**
Einzelteile/Kupplung

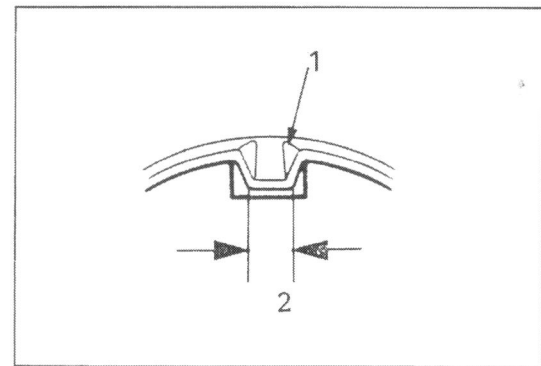

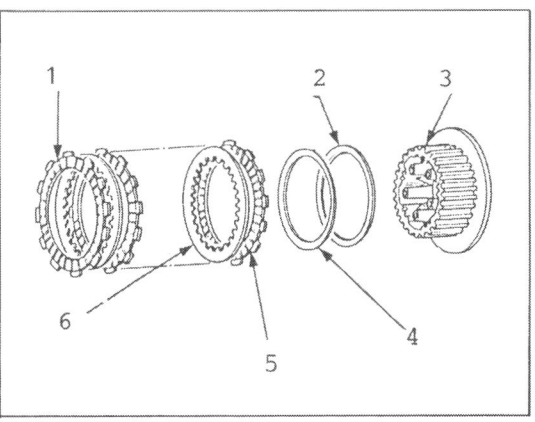

**Bild 289**
Kupplungszentralmutter
anziehen und verstemmen

**Bild 290**
1 Verstemmen
2 2,2–2,5 mm

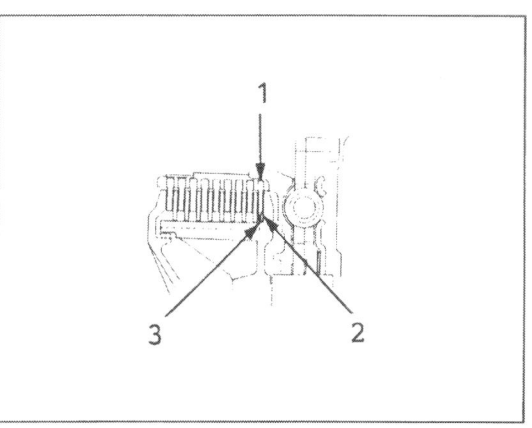

**Bild 291**
Kupplungsmontage
1 Scheibe B (8 Stück)
2 Federsitz
3 Kupplungsnabe
4 Feder
5 Scheibe A
6 Stahlscheibe (8 Stück)

**Bild 292**
Montagereihenfolge
beachten:
1 Scheibe A
2 Federsitz
3 Feder

87

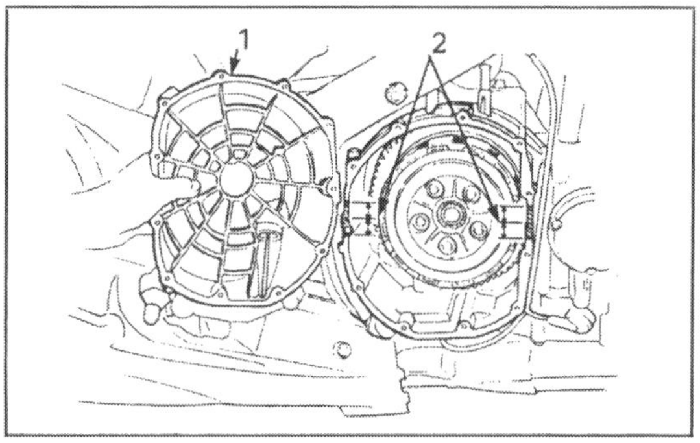

**Bild 293**
1 Dichtung
2 10–20 mm

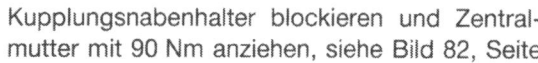

Kupplungsnabenhalter blockieren und Zentralmutter mit 90 Nm anziehen, siehe Bild 82, Seite ■.

● Zentralmutter mit Hauptwelle wie in Bild 289 gezeigt verstemmen.
● Scheiben, Federsitz und Feder mit sauberem Öl anfeuchten.
● Federsitz, Vibrationsfeder und Reiblamelle B auf Kupplungsnabe wie in Bildern 291 und 292 gezeigt, montieren.
● ⚠ Vibrationsfeder mit Innen-∅ nach innen weisend montieren.
● Reibelement und Stahllamellen abwechselnd aufsetzen, es folgt Druckpilz. Drucklager und -Platte als Einheit in Kupplungskorb einführen.
● Federn mit Scheiben und Schrauben montieren, siehe Bild 78, Seite 30. Schrittweise über Kreuz anziehen.
● Dichtmasse (Hylomar o.ä.) wie in Bild 293 gezeigt auftragen und Deckel mit neuer Dichtung und zwei Passhülsen anbringen.
● Elf Schrauben SW 10 (Bild 80, Seite 31) schrittweise über Kreuz anziehen. Luftleitblech und Kabelklemme nicht vergessen!

## 6.13 Lichtmaschine und Impulsgeberspulen

● Stator anbringen und Rotorhälfte aufsetzen, siehe Bild 294. Bohrung im Rotor auf Stift ausrichten.
● Rotor blockieren (Gang einlegen, Bremse be-

**Bild 294**
Zweigeteilten Rotor komplettieren

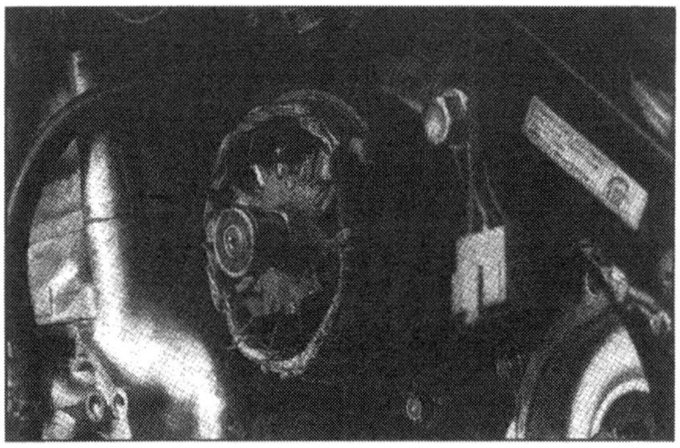

**Bild 295**
Spannring des Lagers muss nach aussen weisen

**Bild 296**
Gehäuseschrauben anbringen

**Bild 297** ▶
Zündstern wie gezeigt anbringen

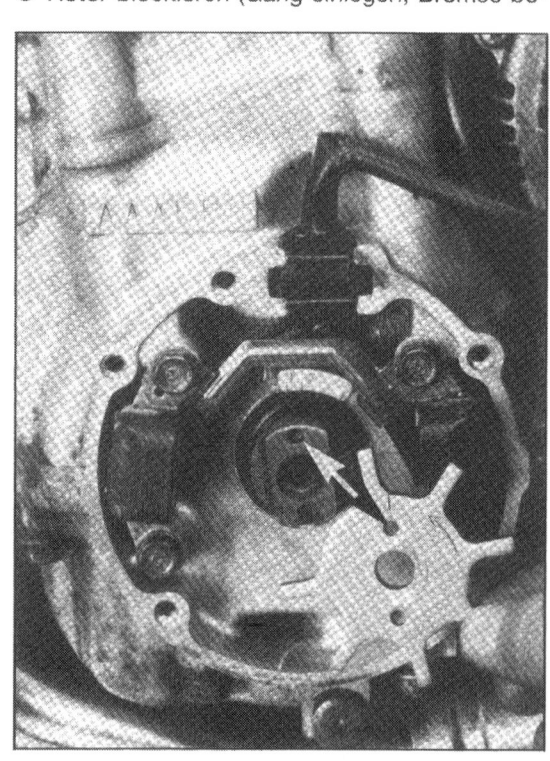

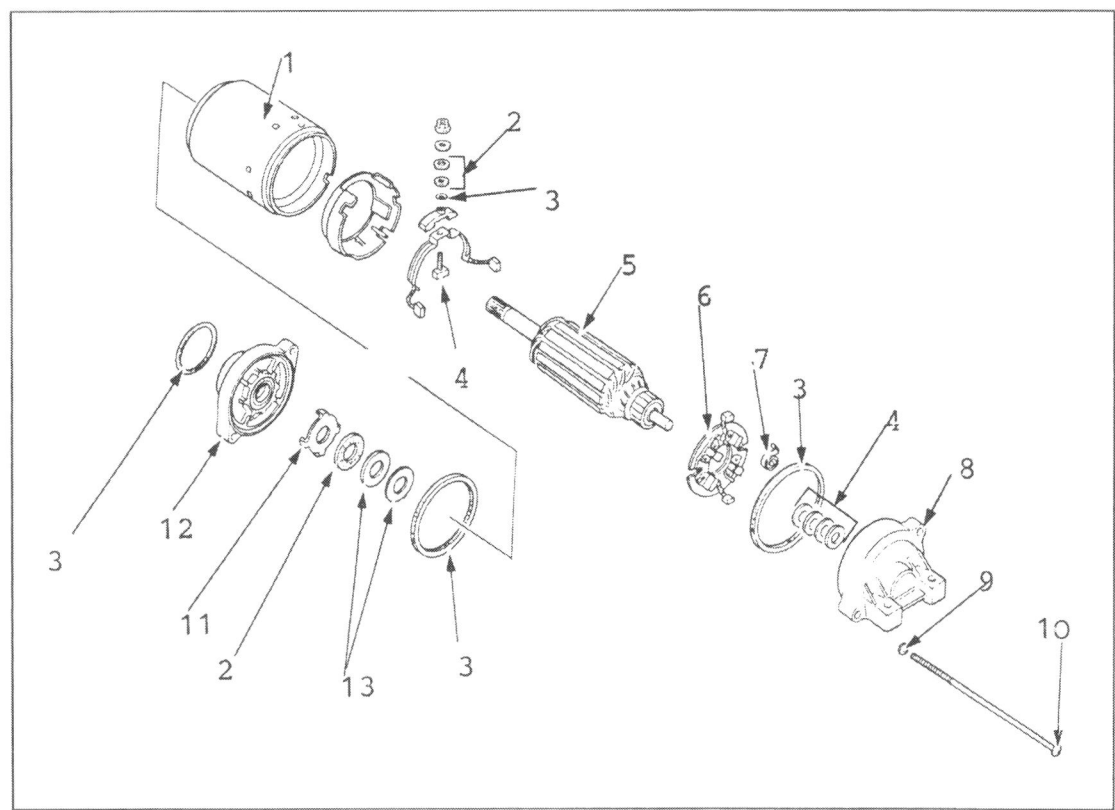

**Bild 298**
Einzelteile Anlasser
1 Gehäuse
2 isolierte Scheibe
3 O-Ring
4 Klemme
5 Anker
6 Bürstenhalter
7 Feder
8 hintere Scheibe
9 Scheibe
10 Schraube
11 Sicherungsscheibe
12 vordere Abdeckung
13 Unterlagscheiben

tätigen) und Mutter anziehen (Anzugsmoment 50 Nm).
● Neues Wellenlager mit passendem Rohrstück am Innenring auf Welle auftreiben. Einbaulage des Spannrings beachten, siehe Bild 295.
● Lima-Deckel mit gefettetem O-Ring aufsetzen und Kabel-Gummitülle in Aussparung einführen. Sicherungsblech einsetzen, siehe Bild 72, Seite 29. Drei Kreuzschlitzschrauben schrittweise über Kreuz anziehen, siehe Bild 296.
● Einbaulage/Lima-Stecker siehe Bild 92.
● Impulsgeberspulen (neuere Ausführung nur eine Spule) mit vier Schrauben SW 10 und Rotorstern wie in Bild 297 gezeigt anbringen.
● Rotorschraube mit flüssiger Schraubensicherung versehen und mit 50 Nm anziehen.
● ⚠ Kabel-Gummitülle muss sauber in Gehäuse-Aussparung einspuren.
● Gehäuseschrauben SW 8 und Luftleitblech wie in Bild 78, Seite 30 gezeigt, anbringen.

**Bild 299**
Auf O-Ring achten

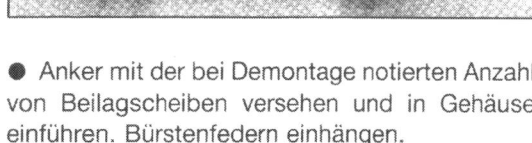

**Bild 300**
Strichmarkierungen müssen fluchten

## 6.14 Anlasser

● Bürstenhalterplatte auf Gehäuse anbringen, dabei diese mit ihrer Nase auf Gehäusekerbe ausrichten.
Damit Anker ohne Beschädigung der Kohlebürsten montiert werden kann, Bürstenfedern aushängen.

● Anker mit der bei Demontage notierten Anzahl von Beilagscheiben versehen und in Gehäuse einführen. Bürstenfedern einhängen.
● O-Ring aufsetzen, siehe Bild 299 und Deckel (Rückdeckel mit gefettetem Wellendichtring) anbringen, dabei auf Flucht der Strichmarkierungen achten, siehe Bild 300.
● O-Ring geölt in Nut des Frontdeckels einsetzen, Anlasser in Motor einbauen und anschliessen. Plus-Kabel wie in Bild 69 gezeigt anbringen.

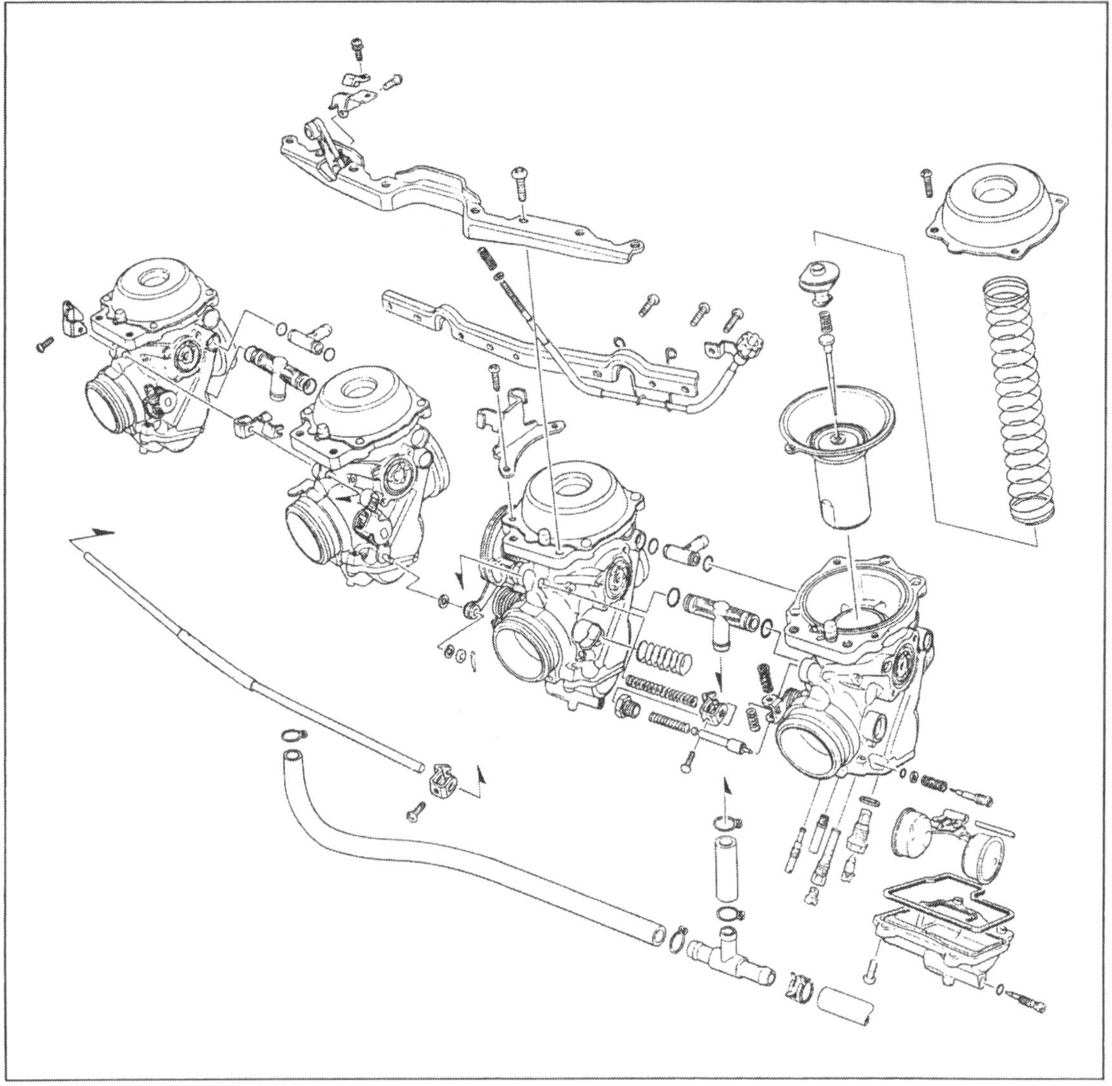

**Bild 301**
Einzelteile Vergaser

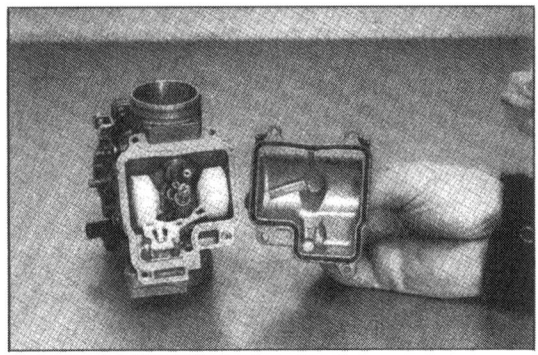

**Bild 302**
O-Ring muss sauber in Nut sitzen

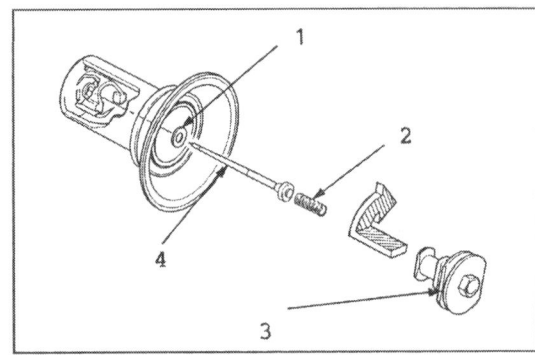

**Bild 303**
1 Scheibe
2 Feder
3 Halter
4 Düsennadel

## 6.15 Vergaser

● Vor Einbau der Düsen sämtliche Durchlässe und Bohrungen mit Druckluft freiblasen.

● Schwimmer-Ventilsitz mit Filtersieb, Leerlaufdüse, Nadeldüsenhalter und Hauptdüse einbauen, siehe Bilder 65 und 67.

● Schwimmer und Nadelventil einsetzen und Lagerstift des Schwimmers eindrücken. Schwimmerstand messen, siehe Seite 46.

● O-Ring des Schwimmerkammerdeckels ölen und Deckel mit vier Schrauben (Kreuzschlitz) anbringen, siehe Bild 302.

● Scheibe, Düsennadel und Nadelhalter am Unterdruckkolben anbringen. Düsennadelhalter eindrücken und um 90° im Uhrzeigersinn drehen, siehe Bild 303.

● Unterdruckkolben einsetzen. Unterdruckkolben in fast voll geöffneter Stellung halten, damit Membrane sauber zum Sitzen kommt, siehe Bild 304. Deckel mit Feder so montieren, dass seine Aussparung ebenfalls auf Loch im Vergaser-

gehäuse gerichtet ist. Deckel mit mindestens zwei Schrauben befestigen, bevor Unterdruckkolben losgelassen wird.
- Kontrollieren, ob Kolben frei beweglich ist.

Koppelung der Einzelvergaser:
Vergaser 1 mit 2 und 3 mit 4 paarweise zusammenbauen.
- Benzin- und Luftverbindungen mit neuen O-Ringen anbringen und Vergaser mit Druck- und Abgleichfeder zusammenstzen.
- Abgleichschraube mit Feder montieren.
- Untere Halterungs-Leiste mit Leerlaufeinstellschrauben-Halterung an Vergaser 1/2 anbringen. Schrauben nur lose anziehen.
- Chokeverbinder (Nr. 3 in Bild 62 / Seite 28), Feder und Welle anbringen. Schrauben der Chokeverbinder nur lose anziehen.
- Vergaser 3 und 4 genauso vormontiert auf Halterungs-Leiste anbringen. Obere Halterungs-Leiste in 2 bis 3 Schritten anschrauben, Anzugsreihenfolge der Schrauben in Bild 305 gilt für beide Leisten.
- Schrauben der Chokeverbinder festziehen und auf einwandfreie Funktion prüfen. Chokehebel muss leicht zu betätigen sein.
- Gasgestänge an Vergaser 2 und 3 mit neuem Splint und Scheibe anbringen.
- Drosseltrommel durch Betätigung auf Schwergängigkeit prüfen.

Drosselklappen-Grundeinstellung:
- Drosselklappen mit Abgleichschrauben auf Rand der By-pass-Bohrungen ausrichten.
- ⚠ Vergaser Nr. 2 ist Bezugsvergaser, siehe Bild 305.

Gemischregulierschrauben-Einstellung:
- ⚠ Gemischregulierschrauben sind vom Werk voreingestellt und werden nur bei Erneuerung neu eingestellt.
- Gemischregulierschraube (Bilder 306/307) mit Feder, O-Ring und Scheibe eindrehen, bis sie leicht aufsitzt, dann mit der bei Demontage notierten Anzahl von Umdrehungen herausdrehen. Grundeinstellung: 2 Umdrehungen heraus.
- ⚠ Sitz der Gemischregulierschraube wird beschädigt, wenn Schraube gegen Sitz angezogen wird!
- Vergasereinbau in umgekehrter Reihenfolge des Ausbaus, siehe Seite 27. Einstellung siehe Kapitel Wartung, Seite 19.

## 6.16 Kühlsystem

- Sämtliche Kühlflüssigkeits-Schläuche anbringen und Schlauchschellen auf korrekten Sitz prüfen, sowie Anschlussstutzen zum Motor hin mit neuen O-Ringen versehen, siehe Bilder 308/309.

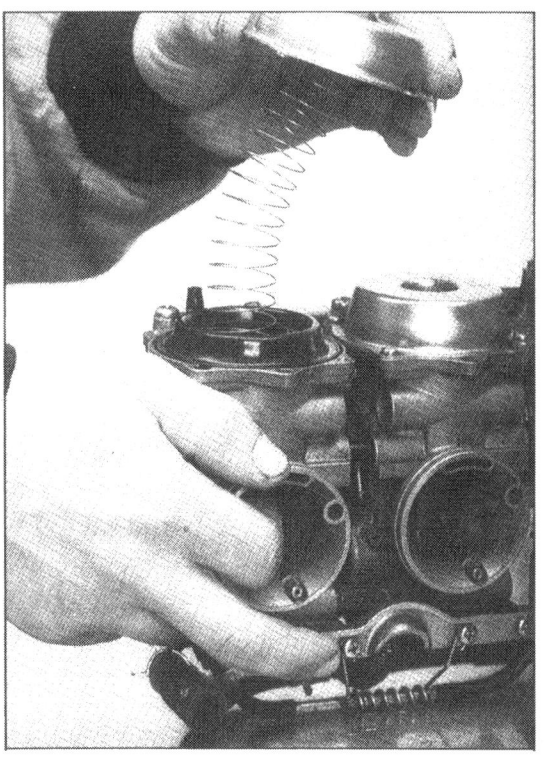

Bild 304
Schieber dreiviertel offen halten

Bild 305
Drosselklappen müssen alle waagrecht stehen
Anzugsreihenfolge
1 Bezugsvergaser Nr. 2

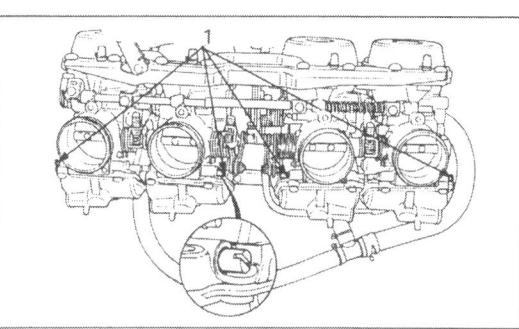

Bild 306
Gemischregulierschraube alte Ausführung

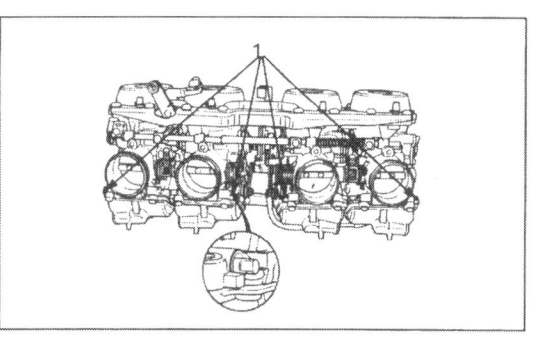

Bild 307
Gemischregulierschraube neuere Ausführung

- O-Ring an Wasserpumpendeckel anbringen, siehe Bild 310. Deckel aufschrauben und Ablassschraube mit neuer Dichtungsscheibe montieren.

- Wasserpumpe mit neuem geölten O-Ring in Motorgehäuse einführen. Darauf achten, dass Wasserpumpenwelle in Ölpumpenwelle einspurt, siehe Bilder 311 und 312. Zu- und Ablauf installieren.

- Thermostat mit Loch zur «UP»-Marke (oben) weisend in Gehäuse einsetzen, neuen O-Ring am Gehäuse anbringen und Deckel montieren, siehe Bild 88.

- Dichtmasse auf Gewinde des Thermosensors auftragen und in Thermostatgehäuse einschrauben.

- ⚠ Drei bis vier Millimeter Abstand zwischen Gehäuse und Gewindeende des Thermosensors einhalten.

- Beim Einbau des Thermoschalters in linke Kühlerhälfte (Bild 87, Seite 32) Dichtmasse auf Gewinde des Schalters auftragen.

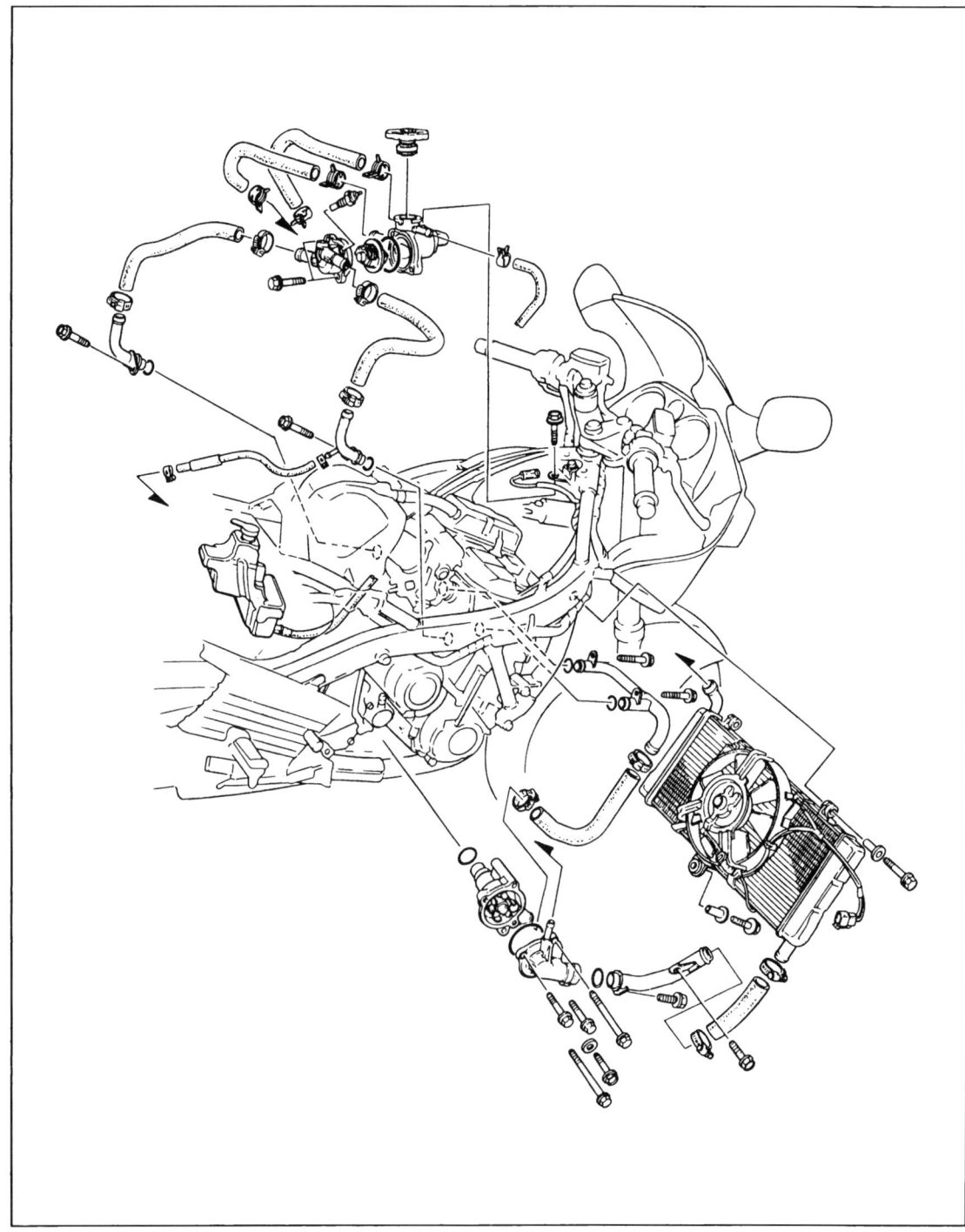

**Bild 308**
Kühlsystem frühe Ausführung

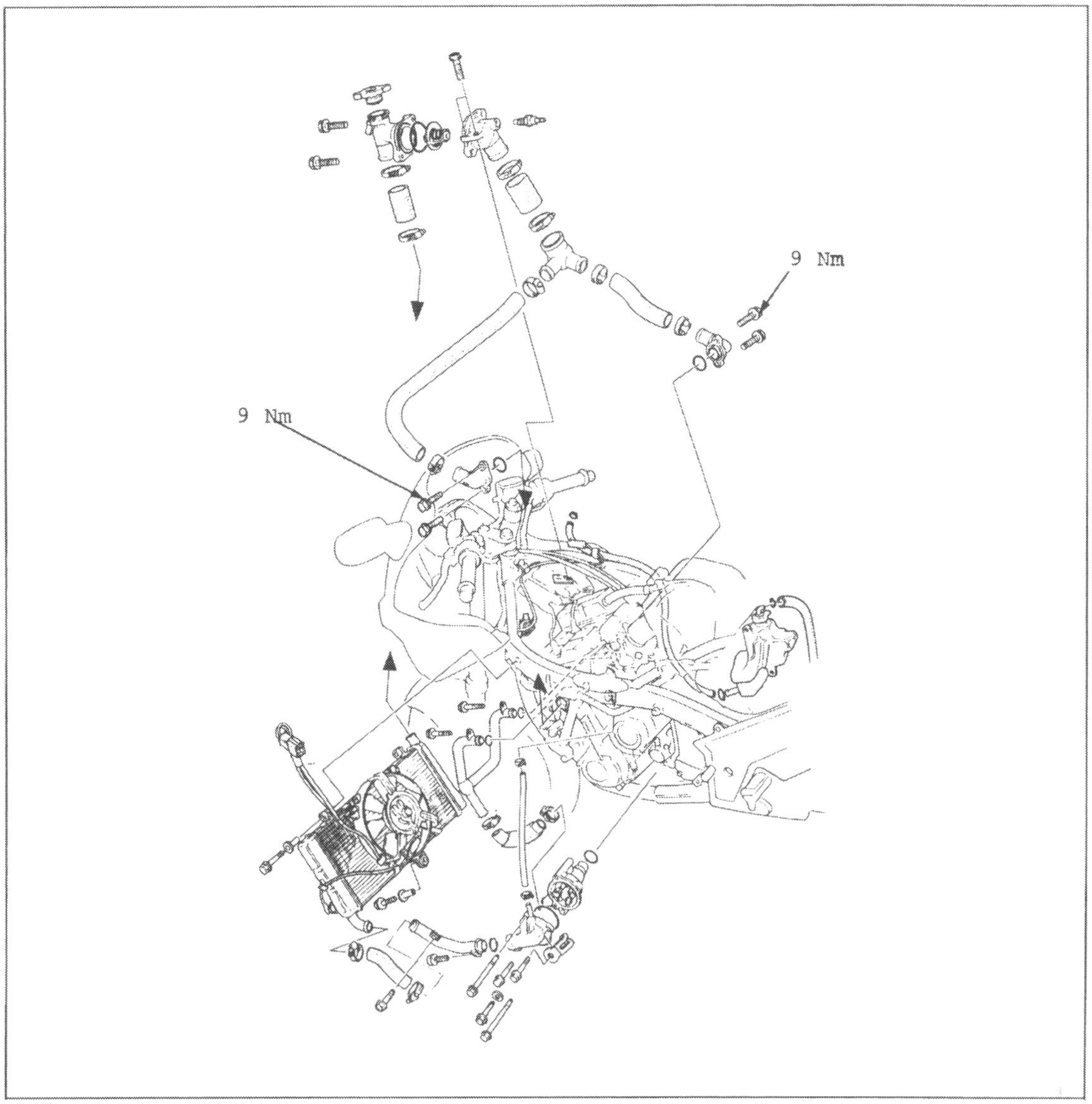

**Bild 309**
Kühlsystem
neuere Ausführung

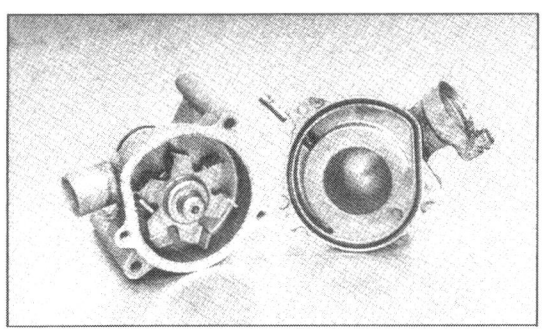

**Bild 310** ◄
O-Ring muss sauber in Nut sitzen

**Bild 311**
O-Ring und Wellendichtring müssen hundert Prozent o.k. sein

**Bild 312** ◄
Wasserpumpe
mit Ölpumpenmitnehmer ausrichten

**Bild 313**
Thermostat mit Loch nach oben im Gehäuse montieren

# 7 Kabel, Züge und Verkleidung

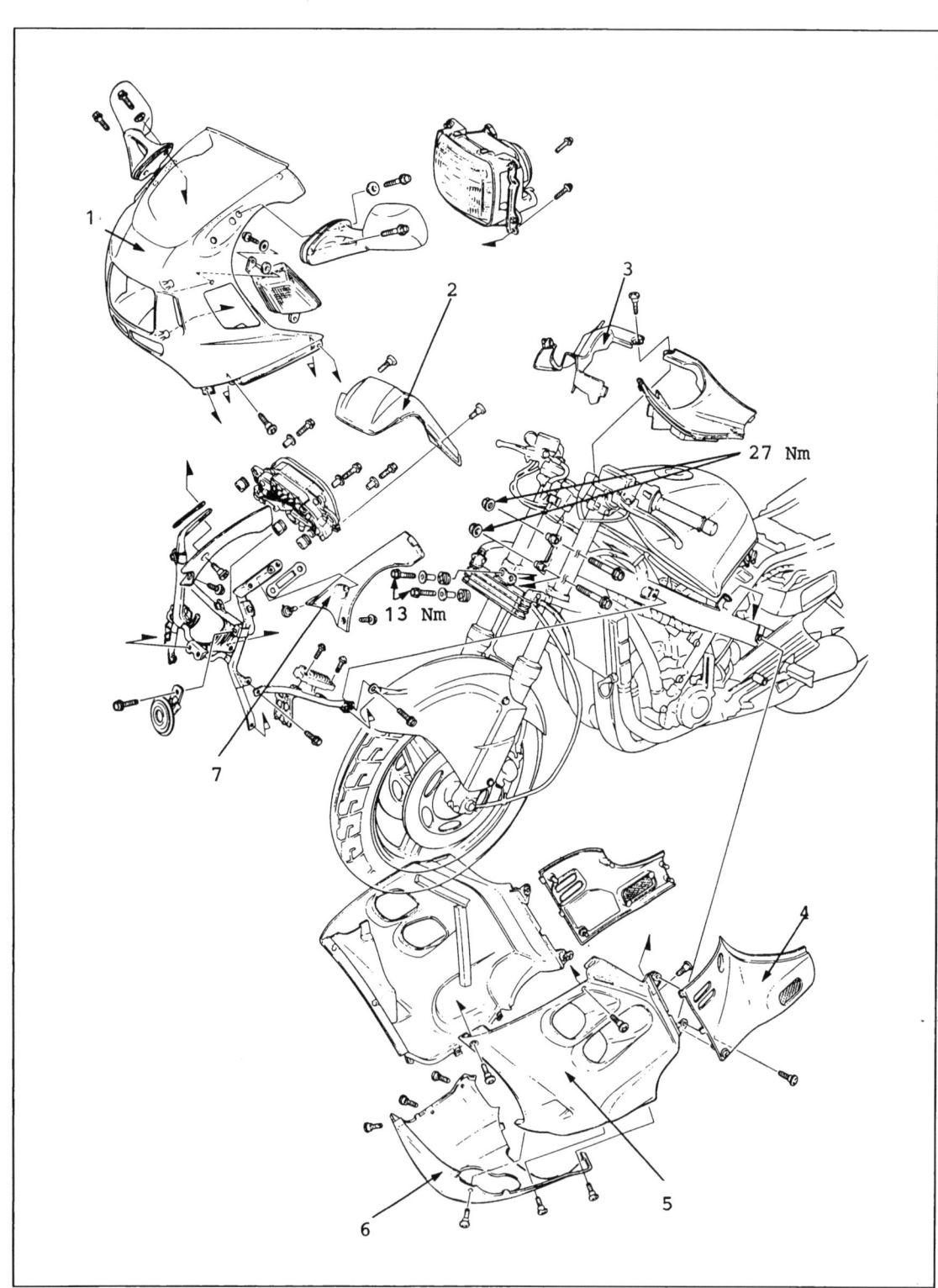

**Bild 314**
1 obere Verkleidung
2 mittlere Innenabdeckung
3 untere Innenabdeckung
4 Seitenabdeckung
5 Seitenverkleidung
6 untere Verkleidung
7 obere Innenabdeckung

Für die dauerhafte Funktion der Bowdenzüge und Elektrokabel ist die richtige Verlegung die wichtigste Grundvoraussetzung.
Geknickte Züge scheuern durch und brechen, verklemmte Kabel können Kurzschlüsse verursachen.
Die folgenden Übersichtszeichnungen helfen, Kabel und Züge exakt zu verlegen.

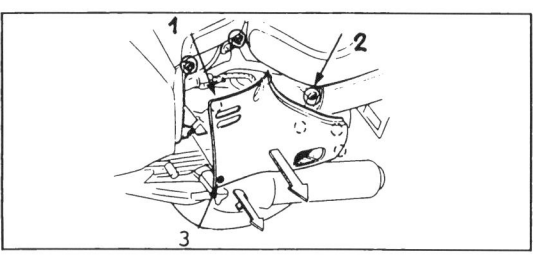

**Bild 315**
Seitenverkleidungsmontage

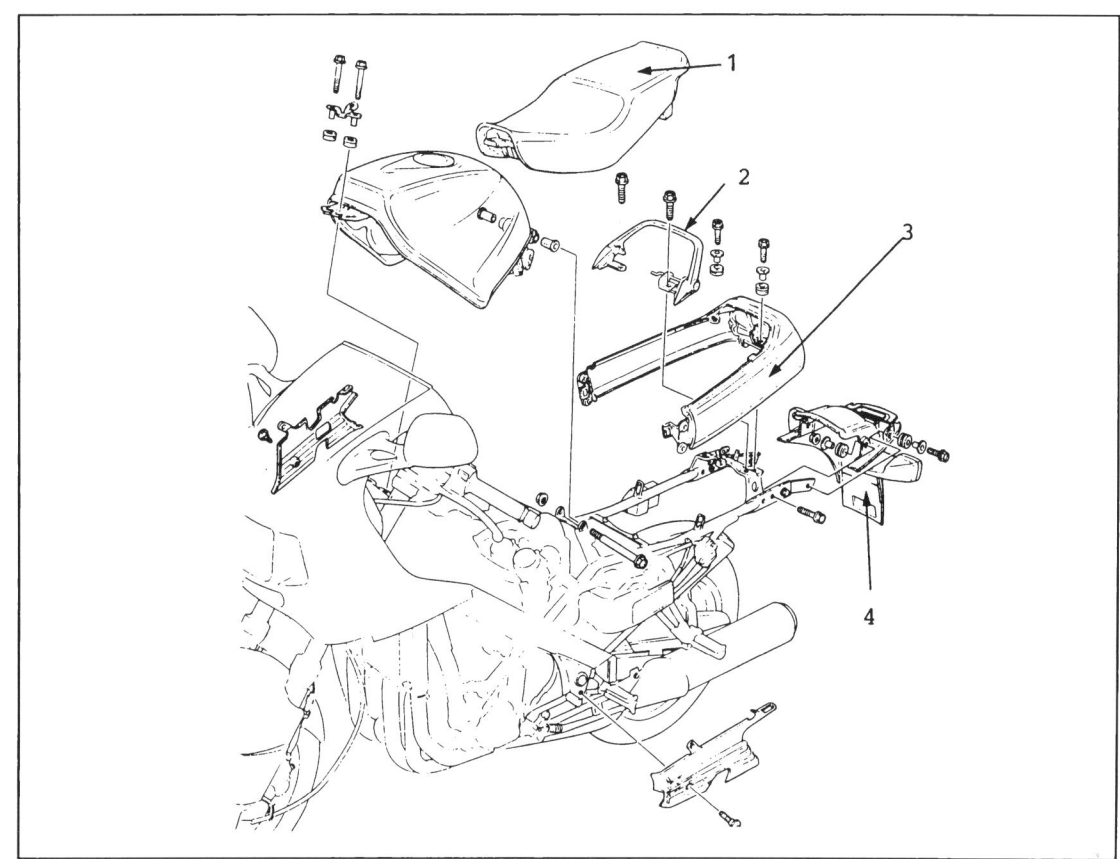

**Bild 316**
1 Sitz
2 Griff
3 Sitzverkleidung
4 Hinterradschutzblech

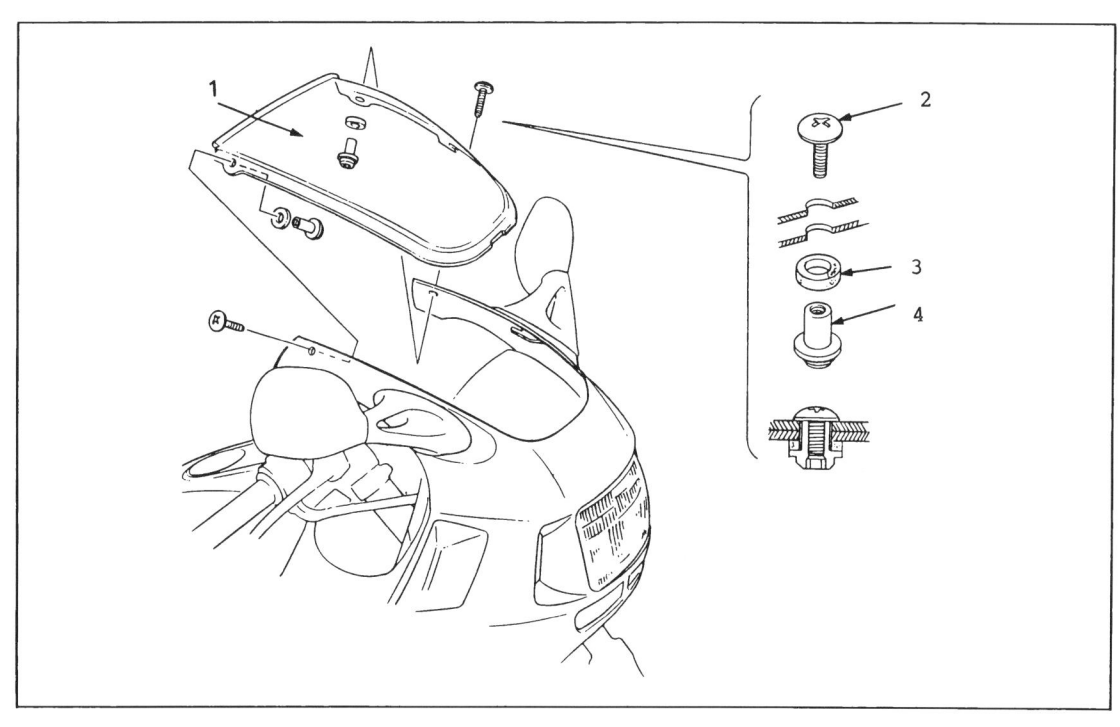

**Bild 317**
Windschutzscheibe (1)
2 Schraube
3 Hülse
4 Mutter

95

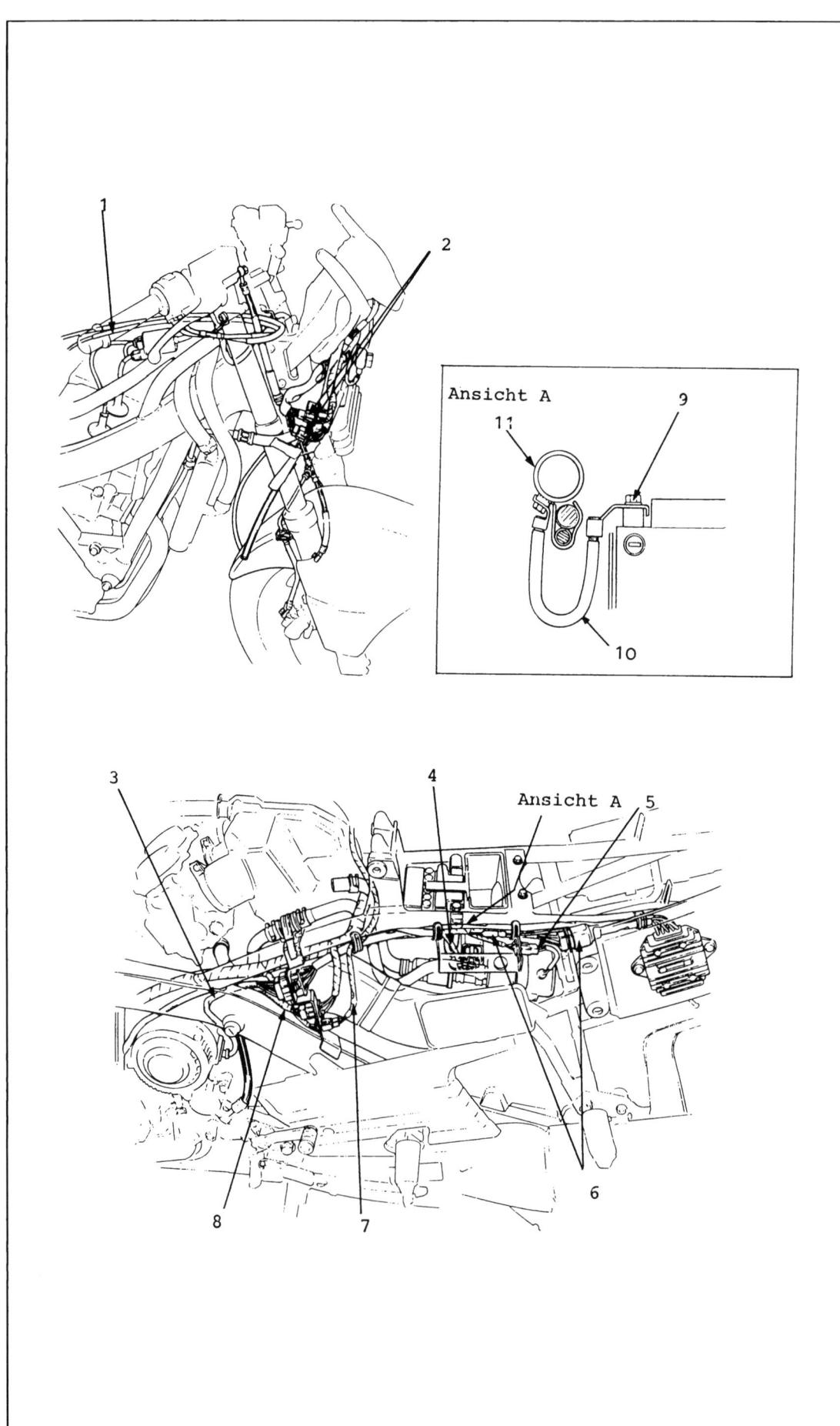

**Bild 318**
1 Gaszüge
2 Kabelbaumstecker/Instrumente
3 Lichtmaschinenkabel
4 Benzinpumpenrelaiskabel
5 Benzinpumpenstecker
6 Regler/Gleichrichter-Stecker
7 Benzinanzeige-Kabel
8 Impulsgeberkabel
9 negativer (Masse-) Batteriepol
10 Massekabel
11 Rahmen

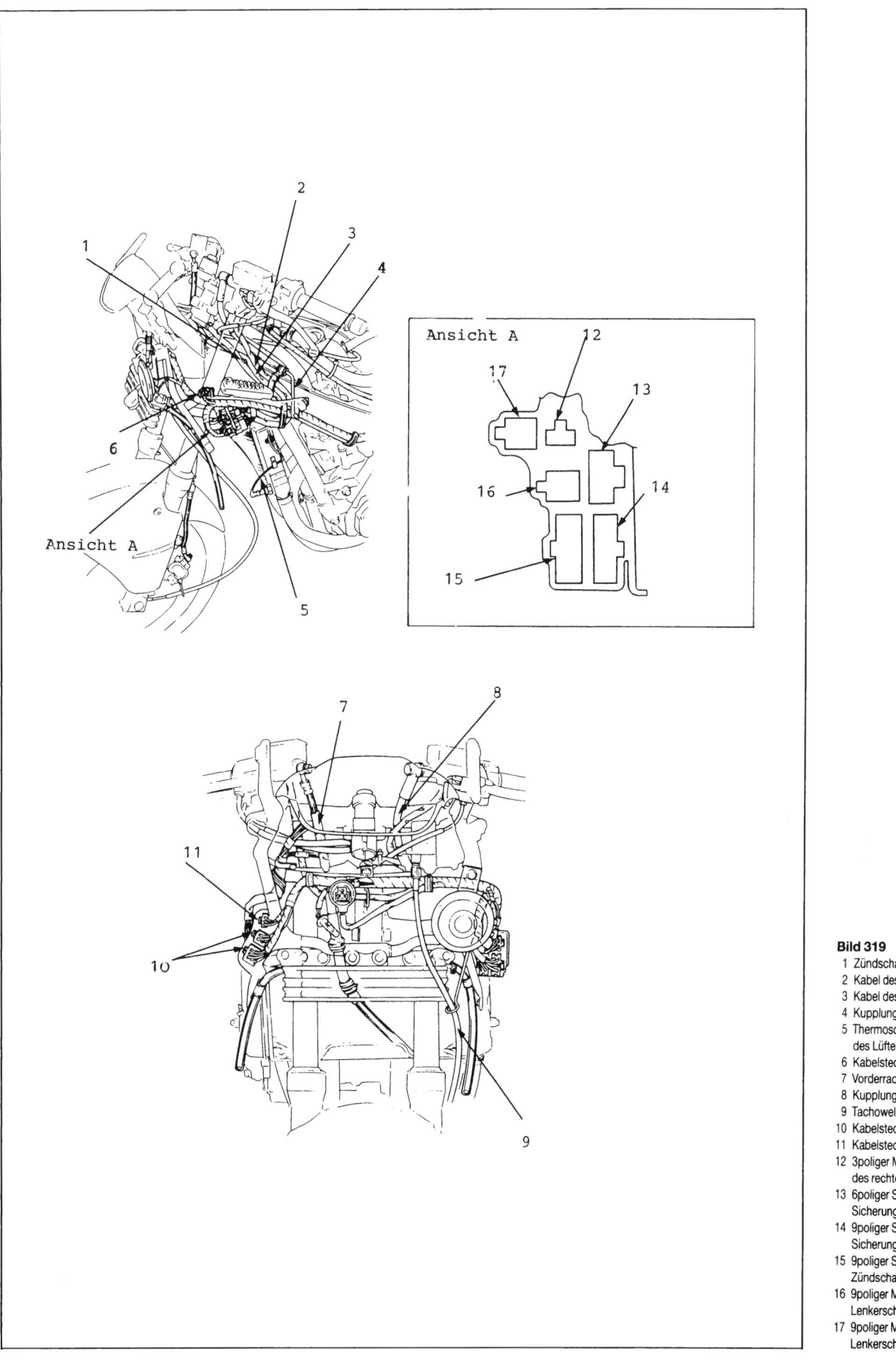

**Bild 319**
1 Zündschalterkabel
2 Kabel des linken Lenkerschalters
3 Kabel des rechten Lenkerschalters
4 Kupplungsleitung
5 Thermoschalterkabel
 des Lüftermotors
6 Kabelstecker der linken Blinker
7 Vorderradbremsschlauch
8 Kupplungsschlauch
9 Tachowelle
10 Kabelstecker/Instrumente
11 Kabelstecker der linken Blinker
12 3poliger Ministecker
 des rechten Lenkerschalters
13 6poliger Stecker
 Sicherungskasten (rot)
14 9poliger Stecker
 Sicherungskasten (rot)
15 9poliger Stecker
 Zündschalter (schwarz)
16 9poliger Ministecker des rechten
 Lenkerschalters (schwarz)
17 9poliger Ministecker des linken
 Lenkerschalters (rot)

97

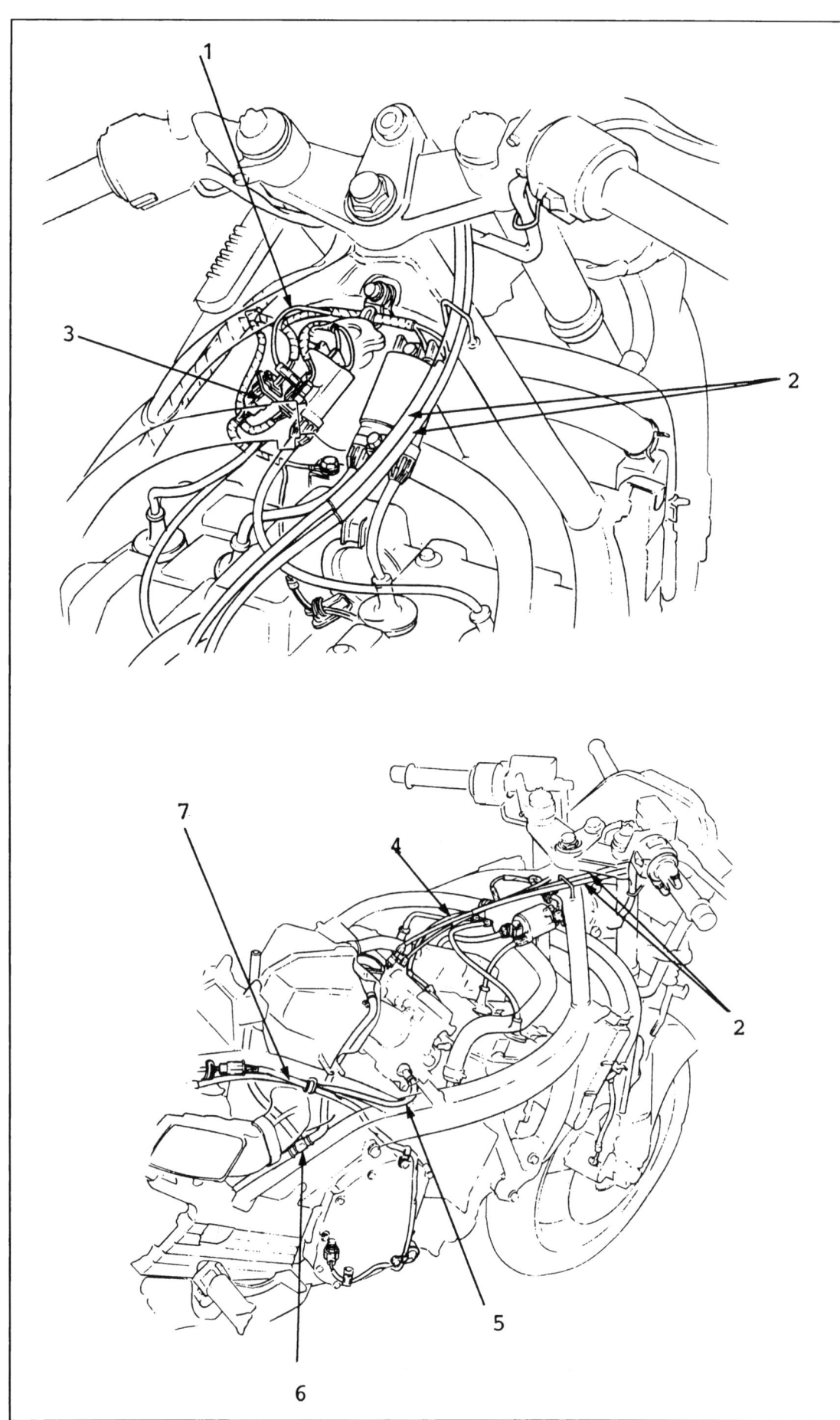

**Bild 320**
1 Temperatursensorkabel
2 Gaszüge
3 Lüftermotorkabelstecker
4 Chokezug
5 Anlasserkabel
6 Ablass-Schlauch
7 Leerlauf/Öldruckschalterkabel

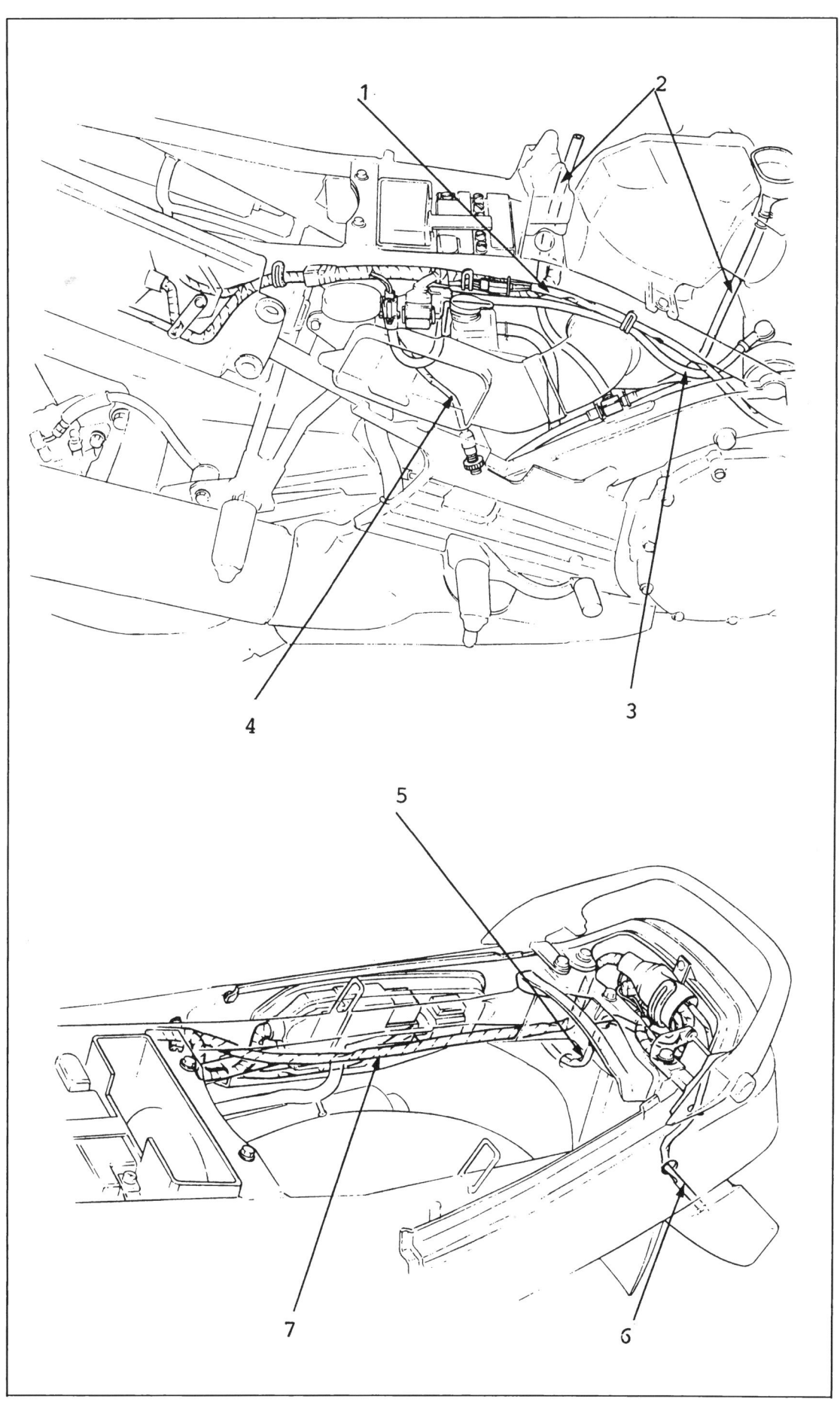

**Bild 321**
1 Leerlauf-/Öldruckschalterkabel
2 Ablass-Schlauch
3 Anlasserkabel
4 Hinterrad-Bremslichtschalter
5 Kabel der rechten Blinker
6 Kabel der linken Blinker
7 Hauptkabelbaum

**Notizen**

# 8 Mass- und Einstelldaten

## Allgemeine technische Daten

**Motor**

| | |
|---|---|
| Typ | Wassergekühlter 4-Takt-Motor |
| Zylinderanordnung | 4 Zylinder, in Reihe |
| Bohrung und Hub | 77×53,6 mm |
| Hubraum | 998 cm$^3$ |
| Verdichtungsverhältnis | 10,5:1 |
| Ventiltrieb | Kette |
| Ölfüllmenge | 4,5 Liter bei Zusammenbau |
| | 3,8 Liter bei Öl- und Filterwechsel |
| Kühlmittelfüllmenge | 3 Liter |
| Schmiersystem | Druckumlaufschmierung mit Nassumpf |
| Luftfilter | Papierfilter |
| Zylinderkompression | 1250±200 kPa (12,5±2,0 kg/cm$^2$) |
| Gewicht (trocken) | 85 kg |
| Einlassventil öffnet | 15° vor OT bei 1 mm Hub |
| Einlassventil schliesst | 38° nach UT bei 1 mm Hub |
| Auslassventil öffnet | 40° vor UT bei 1 mm Hub |
| Auslassventil schliesst | 10° nach OT bei 1 mm Hub |
| Ventilspiel (kalt) Einlass | 0,10 mm |
| Ventilspiel (kalt) Auslass | 0,16 mm |
| Motorgewicht (trocken) | 85 kg |
| Leerlaufdrehzahl | 1000±100 min$^{-1}$ |

**Vergaser**

| | |
|---|---|
| Vergasertyp/Drosselbohrung | Keihin VG / 38,5 mm |
| Kennummer | VG 80A; ab Bj. 89: VG 82B |
| Gemischregulierschrauben-Anfangseinstellung | 2 Drehungen heraus |
| Schwimmerhöhe | 9 mm |

**Kraftübertragung**

| | |
|---|---|
| Kupplung | Mehrscheiben-Ölbadkupplung |
| Getriebe | 6-Gang, Dauereingriff |
| Primäruntersetzung | 1,7857 (75/42) |
| Enduntersetzung | 2,5294 (43/17); ab Bj. 89: 2,4705 (42/17) |
| Gangabstufung: | |
| – 1. Gang | 2,7500 (33/12) |
| – 2. Gang | 2,0666 (31/15) |
| – 3. Gang | 1,6470 (28/17) |
| – 4. Gang | 1,3684 (26/19) |
| – 5. Gang | 1,1739 (27/23) |
| – 6. Gang | 1,0454 (23/22) |
| Gangschaltsystem | Durch linken Fuss betätigter Schalthebel mit Rückführung: 1-N-2-3-4-5-6 |

**Elektrische Anlage**

| | |
|---|---|
| Zündung | Volltransistorzündung |

**MASS- und EINSTELL-DATEN**

# MASS- und EINSTELLDATEN

| | |
|---|---|
| Zündverstellungs-«F»-Marke | 10° vor OT bei Leerlauf |
| Volle Vorzündung | 38° vor OT bei 5000 min$^{-1}$ |
| Anlassersystem | Anlassermotor |
| Lichtmaschine | 350 W / 5000 min$^{-1}$; ab Bj. 89: 390 W |
| Batteriekapazität | 12 V – 14 Ah |
| Zündkerze NGK Standard | DPR 9EA-9 |
| Zündkerze ND Standard | X27 EPR-U9 |
| Elektrodenabstand | 0,8 – 0,9 mm |
| Zündfolge | 1 – 2 – 4 – 3 |
| Sicherung/Hauptsicherung | 10 A, 15 A/30 A |

**Beleuchtung**

| | |
|---|---|
| Scheinwerfer (Fern-/Abblendlicht) | 12 V – 60/55 W; ab Bj. 89: 12 V – 60/55 W, 12 V – 60 W Fernlicht |
| Positionsleuchte | 12 V – 4 W |
| Schluss-/Bremsleuchte | 12 V – 5/21 W×2 |
| Vordere Blinkleuchte | 12 V – 21 W |
| Hintere Blinkleuchte | 12 V – 21 W |
| Instrumentenlampen | 12 V – 3,4 W×4 |
| Öldruckwarnanzeigelampe | 12 V – 3,4 W |
| Leerlaufanzeigelampe | 12 V – 3,4 W |
| Blinkeranzeigelampe | 12 V – 3,4 W×2 |
| Fernlichtanzeigelampe | 12 V – 3,4 W |

**Abmessungen**

| | |
|---|---|
| Gesamtlänge | 2245 mm |
| Gesamtbreite | 725 mm |
| Gesamthöhe | 1185 mm |
| Radstand | 1505 mm; ab Bj. 89: 1500 mm |
| Sitzhöhe | 785 mm; ab Bj. 89: 780 mm |
| Bodenfreiheit | 135 mm |
| Leergewicht | 222 kg |
| Fahrfertiges Gewicht | 248 kg |

**Rahmen**

| | |
|---|---|
| Typ | Diamanttyp |
| Vorderradaufhängung, Hub | Teleskopgabel, 150 mm; ab Bj. 89: 130 mm |
| Hinterradaufhängung, Hub | Schwinge/Stossdämpfer 120 mm; ab Bj. 89: 115 mm |
| Vorderradaufhängungsluftdruck | 0 – 40 kPa (0 – 0,4 kg/cm$^2$) |
| Höchstzulässiges Gesamtgewicht | 180 kg |
| Vorderreifengrösse | 110/80 V 17 – V270 |
| Hinterreifengrösse | 140/80 V 17 – V270, 140/80 VB 17 – V270 |
| Vorderreifengrösse ab Bj. 89 | 120/70 VR 17 – V270 |
| Hinterreifengrösse ab Bj. 89 | 170/70 VR 17 – V270 |
| Vorderreifenmarke Bridgestone | CY15 |
| Hinterreifenmarke Bridgestone | CY16G |
| Druck bei kalten Reifen – nur Fahrer: | |
| – Vorne | 250 kPa (2,5 kg/cm$^2$) |
| – Hinten | 290 kPa (2,9 kg/cm$^2$) |
| Druck bei kalten Reifen – Fahrer mit Sozius: | |
| – Vorne | 290 kPa (2,9 kg/cm$^2$) |
| – Hinten | 290 kPa (2,9 kg/cm$^2$) |
| Vorderradbremse, bestrichene Bremsfläche | Doppelscheibenbremse, 924 cm$^2$ |
| Hinterradbremse, bestrichene Bremsfläche | Einzelscheibenbremse, 452 cm$^2$ |
| Kraftstofftank-Fassungsvermögen | 21 Liter |
| Reservekraftstoff | 3,5 Liter |
| Nachlaufwinkel | 28°; ab Bj. 89: 27° |
| Nachlaufbetrag | 117 mm; ab Bj. 89: 110 mm |

Teleskopgabel-Ölfüllmenge:
- Rechts  485 cm³; ab Bj. 89: 409 cm³
- Links  495 cm³; ab Bj. 89: 409 cm³

## Zylinder und Kolben

| Zylinder: | Sollwert | Verschleissgrenze |
|---|---|---|
| – Innendurchmesser | 77,000 – 77,010 mm | 77,10 mm |
| – Konizität | – | 0,05 mm |
| – Unrundheit | – | 0,05 mm |
| – Verzug | – | 0,07 mm |
| Kolben, Kolbenringe und Kolbenbolzen: | | |
| – Spiel des Kolbenrings in der Ringnut | | |
| Oberer/Zweiter | 0,015 – 0,045 mm | 0,10 mm |
| – Kolbenringstossspiel | | |
| Ölabstreifring (Seitenschiene) | 0,300 – 0,900 mm | 1,10 mm |
| – Kolben-Aussendurchmesser | 76,960 – 76,990 mm | 76,86 mm |
| – Kolbenbolzenbohrung | 20,002 – 20,008 mm | 20,06 mm |
| – Pleuelauge-Innendurchmesser | 20,016 – 20,034 mm | 20,08 mm |
| – Kolbenbolzen-Aussendurchmesser | 19,994 – 20,000 mm | 19,98 mm |
| – Laufspiel des Kolbenbolzens im Pleuelauge | 0,016 – 0,040 mm | 0,06 mm |
| – Laufspiel des Kolbens im Zylinder | 0,010 – 0,050 mm | 0,10 mm |

## Getriebe und Kurbelwelle

| Getriebe: | Sollwert | Verschleissgrenze |
|---|---|---|
| – Zahnrad-Innendurchmesser | | |
| M5, M6 | 31,000 – 31,016 mm | 31,04 mm |
| C3, C4 | 33,000 – 33,016 mm | 33,04 mm |
| – Zahnradbuchsen-Aussendurchmesser | | |
| M5, M6 | 30,955 – 30,980 mm | 30,93 mm |
| C3, C4 | 32,955 – 32,980 mm | 32,93 mm |
| – Zahnradbuchsen-Innendurchmesser | | |
| M5 | 27,985 – 28,006 mm | 28,02 mm |
| C3 | 29,985 – 30,006 mm | 30,02 mm |
| – Hauptwellen-Aussendurchmesser | | |
| M5 | 27,967 – 27,980 mm | 27,94 mm |
| – Vorgelegewellen-Aussendurchmesser | | |
| C3 | 29,950 – 29,975 mm | 29,92 mm |
| – Spiel zwischen Zahnrad und Buchse oder Welle | | |
| Rad M5, M6, C3, C4 zu Buchse | 0,020 – 0,061 mm | 0,10 mm |
| M5, Buchse zu Welle | 0,005 – 0,039 mm | 0,06 mm |
| Spiel zwischen C3-Buchse und Welle | 0,005 – 0,056 mm | 0,06 mm |
| Kurbelwelle: | | |
| – Pleuelfuss-Seitenspiel | 0,05 – 0,25 mm | 0,3 mm |
| – Schlag | – | 0,03 mm |
| – Kurbelzapfen-Lagerspiel | 0,028 – 0,052 mm | 0,08 mm |
| – Hauptlagerzapfen-Lagerspiel | 0,021 – 0,045 mm | 0,08 mm |

## Schmierung

**Motoröl**
Ölfüllmenge  3,8 l bei Öl- und Filterwechsel

**MASS- und EINSTELL-DATEN**

# MASS- und EINSTELL-DATEN

| | |
|---|---|
| Ölempfehlung | 4,5 l bei Zusammenbau<br>Honda-Viertakter-Öl oder ein gleichwertiges Öl verwenden |
| API-Service-Klasse | SE oder SF |
| Viskosität | SAE 10W-40<br>Andere Viskositäten können verwendet werden, wenn die Durchschnittstemperatur in Ihrem Fahrgebiet innerhalb des angezeigten Bereiches liegt |
| Einbereichsöl: | |
| – von –10 bis 0°C | 10W |
| – von 0 bis ca. 15°C | 20W/20 |
| – von 10 bis ca. 35°C | 30 |
| – ab ca. 25°C | 40 |
| Mehrbereichsöl: | |
| – ab 0°C | 20W-40/20W-50 |
| – ab ca. –5°C | 15W-40/15W-50 |
| – ab ca. –10°C | 10W-40 |
| – ab ca. –10 bis ca. 35°C | 10W-30 |
| Öldruck (am Öldruckschalter) | 600 – 700 kPa (6,0 – 7,0 kg/cm²) bei 5000 min$^{-1}$ (80°C) |
| Ölpumpenförderleistung | 25 l/min bei 5000 min$^{-1}$ |

| **Ölpumpen-Wartungsdaten** | Sollwert | Verschleissgrenze |
|---|---|---|
| Rotorspitzenspiel | 0,15 mm | 0,20 mm |
| Pumpengehäusespiel | 0,15 – 0,22 mm | 0,35 mm |
| Pumpenaxialspiel | 0,02 – 0,07 mm | 0,10 mm |

## Zylinderkopf und Ventile

| | Sollwert | Verschleissgrenze |
|---|---|---|
| Zylinderkompressionsdruck | 1250 ± 200 kPa<br>(12,5 ± 2,0 kg/cm²) | – |
| Nockenwelle: | | |
| – Nockenerhebung Einlass | 35,608 – 35,808 mm | 35,55 mm |
| – Nockenerhebung Auslass | 35,480 – 35,680 mm | 35,43 mm |
| – Lagerspiel Einlass 1, 4, Auslass 1, 4 | 0,020 – 0,074 mm | 0,12 mm |
| – Lagerspiel Einlass 2, 3, Auslass 2, 3 | 0,050 – 0,104 mm | 0,14 mm |
| – Schlag | – | 0,03 mm |
| Ventilfeder: | | |
| – Länge unbelastet, Aussen Einlass, Auslass | 47,08 mm | 45,7 mm |
| – Länge unbelastet, Innen Einlass, Auslass | 43,15 mm | 41,8 mm |
| – Vorspannung/Länge, Aussen Einlass, Auslass | 33,5 – 38,5 kg/28,6 mm | 32,94 kg/28,6 mm |
| – Vorspannung/Länge, Innen Einlass, Auslass | 15,03 – 17,7 kg | 14,88 kg/25,1 mm |
| Ventil, Ventilführung: | | |
| – Ventilschaft-AD. Einlass | 5,475 – 5,490 mm | 5,47 mm |
| – Ventilschaft-AD. Auslass | 5,455 – 5,470 mm | 5,45 mm |
| – Ventilführungs-ID. Einlass, Auslass | 5,500 – 5,512 mm | 5,55 mm |
| – Spiel zwischen Schaft und Führung | | |
| Auslass | 0,010 – 0,037 mm | 0,07 mm |
| Einlass | 0,030 – 0,057 mm | 0,09 mm |
| Zylinderkopf: | | |
| – Verzug | – | 0,07 mm |
| – Ventilsitzbreite Einlass, Auslass | 0,9 – 1,1 mm | 1,5 mm |

## Kupplung

| | Sollwert | Verschleissgrenze |
|---|---|---|
| Hauptkupplungszylinder: | | |
| – Zylinder-Innendurchmesser | 14,000 – 14,043 mm | 14,06 mm |
| – Kolben-Aussendurchmesser | 13,957 – 13,984 mm | 13,94 mm |
| Nehmerkupplungszylinder: | | |
| – Zylinder-Innendurchmesser | 35,700 – 35,762 mm | 35,78 mm |
| – Kolben-Aussendurchmesser | 35,650 – 35,672 mm | 35,63 mm |
| Kupplung: | | |
| – Federlänge, unbelastet | 46,70 mm | 46,0 mm |
| – Scheibenstärke A | 3,42 – 3,58 mm | 3,1 mm |
| – Scheibenstärke B | 3,72 – 3,88 mm | 3,1 mm |
| – Plattenverzug | – | 0,30 mm |
| – Korb-Innendurchmesser | 47,005 – 47,030 mm | 47,10 mm |
| – Korb-Führungs-Innendurchmesser | 27,995 – 28,012 mm | 28,08 mm |
| Hauptwellen-Aussendurchmesser | 27,980 – 27,993 mm | 27,97 mm |

## MASS- und EINSTELL-DATEN

## Vorderrad-Aufhängung

| | Sollwert | Verschleissgrenze |
|---|---|---|
| Achsschlag | – | 0,2 mm |
| Vorderradfelgenschlag Radial | – | 2,0 mm |
| Vorderradfelgenschlag Axial | – | 2,0 mm |
| Gabelfederlänge, unbelastet | 468,8 – 478,2 mm (18,46 – 18,83 mm) | 464 mm |
| Gabelrohrschlag | – | 0,2 mm |
| Gabelflüssigkeits-Füllmenge: | | |
| – Rechts | 485 cm$^3$ | – |
| – Links | 495 cm$^3$ | – |
| Gabelölstand | 148 mm | – |
| Gabelluftdruck | 0 – 40 kPA (0 – 0,4 kg/cm$^2$) | – |

| **Gabel** ab Bj. 89 | Sollwert | Verschleissgrenze |
|---|---|---|
| Ungespannte Länge der Gabelfeder | 419,9 mm | 411,5 mm |
| Standrohrschlag | – | 0,2 mm |
| Gabelölfüllmenge | 409 cm$^3$ | – |
| Gabelölstand | 172 mm | – |

## Hinterrad-Aufhängung

| | Sollwert | Verschleissgrenze |
|---|---|---|
| Achsschlag | – | 0,2 mm |
| Hinterradfelgenschlag Radial | – | 2,0 mm |
| Hinterradfelgenschlag Axial | – | 2,0 mm |
| Stossdämpfer-Federlänge, unbelastet | 137,4 mm ab Bj. 89: 177,1 mm | 134,5 mm ab Bj. 89: 173,6 mm |
| Stossdämpfer-Dämpfungskompression | 15,4 – 20,0 kg | 15,39 kg |

# MASS- und EINSTELLDATEN

## Kühlsystem

| | |
|---|---|
| Kühlerdeckel-Entlastungsdruck | 110 – 140 kPa (01,13 – 1,4 km/cm²) |
| Gefrierpunkt (Hydrometertest): | 55% destilliertes Wasser + 45% Äthylenglykol: – 32°C |
| | 50% destilliertes Wasser + 50% Äthylenglykol: – 37°C |
| | 45% destilliertes Wasser + 55% Äthylenglykol: – 44,5° |
| Kühlmittel-Füllmenge: | |
| – Kühler und Motor | 2,6 Liter |
| – Reservebehälter | 0,4 Liter |
| – Gesamtsystem | 3,0 Liter |
| Thermostat | Öffnungsbeginn: 80° bis 84°C |
| | Ventilhub: min. 8 mm bei 95°C |
| Siedepunkt (mit 50:50-Gemisch): | Ohne Druck: 107,7°C |
| | Deckel aufgeschraubt, unter Druck: 125,6°C |

## Kraftstoffsystem

| | |
|---|---|
| Drosselklappendurchmesser | 38,5 mm |
| Venturi-Durchmesser | 35,6 mm |
| Kenn-Nummer | VG 80A; ab Bj. 89: VG 82 B |
| Leerlaufdüse | # 38 |
| Hauptdüse | # 120; ab Bj. 89: # 130 |
| Schwimmerstand | 9 mm |
| Leerlaufdrehzahl | 1000 ± 100 min$^{-1}$ |
| Gasdrehgriffspiel | 2 – 6 mm |
| Gemischregulierschrauben-Anfangsöffnung | 2 Drehungen heraus; ab Bj. 89: 2½ |
| Tankinhalt/Reserve | 21 Liter / 3,5 Liter |

## Schaltgestänge

| Schaltgabel: | Sollwert | Verschleissgrenze |
|---|---|---|
| – Klauenstärke | 5,43 – 5,50 mm | 5,1 mm |
| – Innendurchmesser der rechten und linken Gabel | 14,000 – 14,018 mm | 14,04 mm |
| Gabelwellen-Aussendurchmesser | 13,957 – 13,968 mm | 13,90 mm |

## Zündsystem

| | | |
|---|---|---|
| Zündkerze (Daten 20°C) | NGK | ND |
| | DPR 9 EA-9 | X 27 EPR-U9 |
| Elektrodenabstand | 0,8 – 0,9 mm | |
| Zündsystem: | | |
| – Typ | Transistorisiertes, digital gesteuertes Zündsystem | |
| Zündverstellung: | | |
| – Anfangs (F-Marke) | 10° vor OT / 1000 ± 100 min$^{-1}$ | |
| – Frühzündung | 38° vor OT / 5000 min$^{-1}$ | |
| Zündspulenwiderstand Primär | 2,6 – 3,2 Ω | |
| Zündspulenwiderstand Sekundär: | | |
| – Mit Zündkabel | 17 – 23 kΩ | |

| | |
|---|---|
| – Ohne Zündkabel | 13 – 17 kΩ |
| Impulsgeber Spulenwiderstand | 460 – 580 Ω |
| Zündfolge | 1 – 2 – 4 – 3 |

## Batterie und Ladesystem

| | |
|---|---|
| Batterie: | Sollwert |
| – Kapazität | 12 V/14 Ah |
| – Säuredichte bei 20°C | |
|   Volladung | 1,280 |
|   Normalladung | 1,260 |
|   Muss geladen werden | 1,200 |
| – Ladestrom | 1,4 Ampere max. |
| – Typ | Drehstromgenerator mit Feldspule |
|   ab Bj. 89 | Drehstromgenerator mit Feldwicklung |
| Lichtmaschine: | |
| – Ausgangsleistung | 350 W/5000 min$^{-1}$ |
|   ab Bj. 89 | 390 W/5000 min$^{-1}$ |
| – Widerstand bei 20°C | |
|   Bl-W | 2,0 – 2,6 Ω |
|   ab Bj. 89 | 2,6 Ω |
|   Y-Y | 0,4 – 0,6 Ω |
|   ab Bj. 89 | 0,4 Ω |
| Regler/Gleichrichter: | |
| – Geregelte Spannung | Dreiphasen-/Vollweg-Gleichrichtung, Feldspulen-Stromregulierung 13,5 – 15,5 V |

## Anlasser

| | Sollwert | Verschleissgrenze |
|---|---|---|
| Anlassermotorbürstenlänge | 12,0 – 13,0 mm | 6,5 mm |

## Hydraulikbremsen

| | Sollwert | Verschleissgrenze |
|---|---|---|
| Bremsscheibe: | | |
| – Stärke vorne | 4,3 – 4,7 mm | 3,5 mm |
|   ab Bj. 89 | 4,8 – 5,2 mm | 4,0 mm |
| – Stärke hinten | 4,8 – 5,2 mm | 4,0 mm |
|   ab Bj. 89 | 5,8 – 6,2 mm | 5,0 mm |
| – Schlag | – | 0,3 mm |
| Hauptzylinder-Innendurchmesser: | | |
| – Vorne | 15,870 – 15,913 mm | 15,93 mm |
|   ab Bj. 89 | 12,700 – 12,743 mm | 12,76 mm |
| – Hinten | 12,700 – 12,743 mm | 12,76 mm |
| Hauptkolben-Aussendurchmesser: | | |
| – Vorne | 15,827 – 15,854 mm | 15,82 mm |
|   ab Bj. 89 | 12,657 – 12,684 mm | 12,65 mm |
| – Hinten | 12,657 – 12,684 mm | 12,65 mm |
| Bremssattelzylinder-Innendurchmesser: | | |
| – Vorne | 30,230 – 30,280 mm | 30,29 mm |

**MASS- und EINSTELL- DATEN**

## MASS- und EINSTELLDATEN

| | | | |
|---|---|---|---|
| – Hinten | 27,000 – 27,050 mm | | 27,06 mm |
| Bremssattelkolben-Aussendurchmesser: | | | |
| – Vorne | 30,165 – 30,198 mm | | 30,16 mm |
| – Hinten | 26,918 – 26,968 mm | | 26,91 mm |
| Bremsflüssigkeit | DOT 4 | | – |

### Anzugsdrehmomente

| Motor | Anzahl | Gewinde-⌀ | Anzugsdrehmoment |
|---|---|---|---|
| Pleueldeckelmutter | 8 | 8 mm | 36 Nm[1] |
| Zylinderkopfmutter | 12 | 10 mm | 46 Nm |
| Nockenwellenlagerdeckelschraube | 16 | 6 mm | 14 Nm |
| Kurbelgehäuseschraube (10 mm) | 1 | 10 mm | 40 Nm |
| Kurbelgehäuseschraube (9 mm) | 12 | 9 mm | 38 Nm |
| Kurbelgehäuseschraube (8 mm) | 17 | 8 mm | 27 Nm[1] |
| Kurbelgehäuseschraube (6 mm) | 3 | 6 mm | 12 Nm |
| Nockenwellenradschraube | 4 | 7 mm | 17 Nm[2] |
| Ölpumpenabtriebsradschraube | 1 | 6 mm | 15 Nm[2] |
| Lichtmaschinenkettenspannerschraube | 3 | 6 mm | 12 Nm[2] |
| Lichtmaschinenkettenführungsschraube | 2 | 6 mm | 12 Nm |
| Lichtmaschinenwellenmutter | 1 | 12 mm | 50 Nm |
| Lichtmaschinenbasisschraube | 3 | 8 mm | 29 Nm[3, 2] |
| Impulsgeberrotorschraube | 1 | 10 mm | 50 Nm[2] |
| Kupplungsnabegegenmutter | 1 | 22 mm | 90 Nm |
| Steuerkettenspannerhalterungsschraube | 4 | 6 mm | 14 Nm |
| Schraube der mittleren Schaltgabel | 1 | 7 mm | 18 Nm |
| Schwaltwalzenmittelbolzenschraube | 1 | 8 mm | 23 Nm[2] |
| Leerlaufschalter | 1 | 10 mm | 18 Nm |
| Öldruckschalter | 1 | – | 12 Nm[3] |
| Zylinderkopfhaubenschraube | 8 | 6 mm | 10 Nm |
| Zündkerze | 4 | 12 mm | 15 Nm |
| Dichtungsschraube (20 mm) | 1 | 20 mm | 30 Nm |
| Dichtungsschraube (10 mm) | 1 | 10 mm | 12 Nm |
| Kupplungsnehmerzylinder-Entlüftungsventil | 1 | 8 mm | 9 Nm |
| Ventileinstellergegenmutter | 16 | 7 mm | 23 Nm |
| Anlasserflansch | 1 | 6 mm | 16 Nm |
| Ölpumpenkettenführung | 2 | 6 mm | 12 Nm[2] |
| Öldurchgangsleitungsplatte | 3 | 6 mm | 12 Nm[2] |
| Ölablassschraube | 1 | 14 mm | 38 Nm |
| Ölfilter | 1 | 20 mm | 10 Nm |
| Anlassermotorgehäuseschraube | 2 | 5 mm | 4,5 Nm |

| Fahrgestell | | | |
|---|---|---|---|
| Motoraufhängungsschraube (12 mm) | 2 | 12 mm | 60 Nm |
| Motoraufhängungsschraube (10 mm) | 6 | 10 mm | 45 Nm |
| Motoraufhängungseinsteller | 1 | 20 mm | 8 Nm |
| Motoraufhängungseinsteller-Gegenmutter | 1 | 20 mm | 25 Nm |
| Fussschalthebelschraube | 1 | 6 mm | 10 Nm |
| Seitenständerzapfenschraube | 1 | 10 mm | 10 Nm |
| Seitenständerzapfenmutter | 1 | 10 mm | 35 Nm |
| Mittelständerzapfenschraube | 1 | 10 mm | 40 Nm |
| Lenkerklemmschraube | 2 | 8 mm | 27 Nm |

# MASS- und EINSTELL-DATEN

| Bezeichnung | Anzahl | Größe | Drehmoment |
|---|---|---|---|
| Bremsschlauchhalter-Befestigungsschraube | 1 | 6 mm | 9 Nm |
| Fussrastenhalterungsschraube | 4 | 8 mm | 27 Nm |
| Ölleitungsbefestigungsschraube | 6 | 6 mm | 9 Nm |
| Ölkühlerbefestigungsschraube | 2 | 6 mm | 13 Nm |
| Auspuffrohrverbindungsmutter | 8 | 7 mm | 17 Nm |
| Verkleidungsstrebenbefestigungsschraube | 2 | 8 mm | 27 Nm |
| Kraftstoffhahngegenmutter | 1 | 28 mm | 38 Nm |
| Lenkschaftmutter | 1 | 24 mm | 105 Nm |
| Lenkschafteinstellungsmutter | 1 | 26 mm | 25 Nm[4] |
| Obere Gabelklemmschraube | 2 | 7 mm | 11 Nm |
| Untere Gabelklemmschraube | 2 | 10 mm | 50 Nm |
| Vorderachsschraube | 1 | 14 mm | 60 Nm |
| Vorderachshalterklemmschraube | 4 | 8 mm | 22 Nm |
| Hinterachsmutter | 1 | 18 mm | 95 Nm |
| Vorderradbremssattel-Halterungsschraube (rechts und links oben) | 3 | 8 mm | 27 Nm |
| Antidive-Kolben-Schraube | 1 | 6 mm | 12 Nm |
| Brems-/Kupplungsschlauchschraube | 7 | 10 mm | 30 Nm |
| Hauptzylinderschraube (Bremse und Kupplung) | 4 | 6 mm | 12 Nm |
| Bremsmomentstange (Bremssattel) | 1 | 10 mm | 35 Nm |
| Bremsmomentstange (Schwinge) | 1 | 8 mm | 22 Nm |
| Bremsschlauchhalter-Befestigungsschraube | 1 | 6 mm | 10 Nm |
| Befestigungsschraube der Bremsschlauch-Dreiwegeverbindung | 1 | 6 mm | 10 Nm |
| Stossdämpferaufhängungsschraube (oben und unten) | 2 | 10 mm | 45 Nm |
| Schraube von Stossdämpferverbindung zu Rahmen | 1 | 10 mm | 45 Nm |
| Schraube von Stossdämpferverbindung zu Stossdämpferarm | 1 | 10 mm | 45 Nm |
| Schraube von Stossdämpferarm zu Schwinge | 1 | 10 mm | 45 Nm |
| Schwingenzapfenmutter | 1 | 14 mm | 110 Nm[5] |
| Antriebsketteneinsteller-Gegenmutter | 2 | 8 mm | 22 Nm |
| Entlüftungsventil | 3 | 7 mm | 6 Nm |
| Bremsscheibenschraube | 18 | 8 mm | 40 Nm[2] |
| Antriebskettenradschraube | 1 | 10 mm | 90 Nm |
| Vorderradbremshebel-Einsteller-Zapfenschraube | 1 | 5 mm | 4 Nm[2] |
| Abtriebskettenradmutter | 5 | 12 mm | 90 Nm |
| Kraftstofftankbefestigungsschraube, Mutter | 3 | 6 mm | 10 Nm |
| Auspufftopfbefestigungsschraube | 2 | 8 mm | 22 Nm |
| Auspufftopfschellenschraube | 4 | 8 mm | 22 Nm |
| Kupplungshebelzapfenmutter | 1 | 6 mm | 6 Nm |
| Kupplungsschalterschraube | 1 | 4 mm | 1,2 Nm |
| Vorderradbremshebel-Zapfenmutter | 1 | 6 mm | 6 Nm |
| Vorderradbremslichtschalterschraube | 1 | 4 mm | 1,2 Nm |
| Hinterradbremssattel-Befestigungsschraube | 1 | 8 mm | 23 Nm |
| Vorderradbremsklotzstift | 4 | 10 mm | 18 Nm |
| Vorderradbremsklotzstiftschraube | 4 | 10 mm | 2,5 Nm |
| Hinterradbremsklotzhalterschraube | 1 | 6 mm | 11 Nm |

Die obigen Anzugsdrehmomente betreffen wichtige Befestigungsstellen. Nicht oben aufgeführte Befestigungsteile sind auf die nachfolgend angegebenen Standard-Anzugsdrehmomente anzuziehen.

# MASS- und EINSTELLDATEN

**Standard-Anzugsdrehmomente**

| | |
|---|---|
| Schraube und Mutter, 5 mm | 5 Nm |
| Schraube und Mutter, 6 mm | 10 Nm |
| Schraube und Mutter, 8 mm | 22 Nm |
| Schraube und Mutter, 10 mm | 35 Nm |
| Schraube und Mutter, 12 mm | 55 Nm |
| 5-mm-Schraube | 4 Nm |
| 6-mm-Schraube | 9 Nm |
| 6-mm-Schraube mit 8-mm-Kopf | 9 Nm |
| Flanschschraube und Mutter, 6 mm | 12 Nm |
| Flanschschraube und Mutter, 8 mm | 27 Nm |
| Flanschschraube und Mutter, 10 mm | 40 Nm |

[1] Molybdändisulfidfett auf Sitz und Gewinde auftragen
[2] Bindemittel auf Gewinde auftragen (Hinweis 1)
[3] «3-Bond»-Dichtungsmasse oder ein gleichwertiges Mittel auf Gewinde auftragen (Hinweis 2)
[4] Öl auf Gewinde auftragen
[5] Fett auf Sitz der Mutter auftragen

Hinweis 1: Bindemittel wie gezeigt auftragen

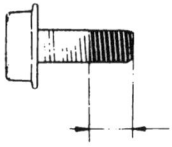

5,5 – 7,5 mm

Hinweis 2: Bindemittel nicht wie gezeigt auftragen

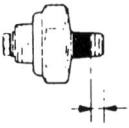

3–4 m: nicht hier auftragen

# Stromlaufplan frühe Ausführung ab Bj. '87 und '88

ANORDNUNG DER SCHALTER

ZUNDSCHALTER

| | BAT1 | IG | FAN | TL1 | TL2 | PA |
|---|---|---|---|---|---|---|
| ON | ○ | ○ | ○ | ○ | ○ | |
| OFF | | | | | | |
| P_LOCK | ○ | | | | | ○ |
| LOCK | | | | | | |
| COLOR | R | R/Bl | Bu/O | Br/W | Br | Y Bl |

MOTORABSCHALTER

| | IG | BAT2 |
|---|---|---|
| OFF | | |
| RUN | ○ | ○ |
| COLOR | Bl/W | Bl |

HUPENSCHALTER

| | HO | BAT3 |
|---|---|---|
| FREE | | |
| PUSH | ○ | ○ |
| COLOR | Lg | W/G |

BLINKLICHTSCHALTER

| | W | R | L |
|---|---|---|---|
| R | ○ | ○ | |
| N | | | |
| L | ○ | | ○ |
| COLOR | Gr | Lb | O |

ABBLENDSCHALTER

| | HL | Lo | Hi |
|---|---|---|---|
| Lo | ○ | ○ | |
| (N) | ○ | ○ | ○ |
| Hi | ○ | | ○ |
| COLOR | Bu/W | W | Bu |

ANLASSCHAL

| | ST |
|---|---|
| FREE | |
| PUSH | ○ |
| COLOR | Y/R |

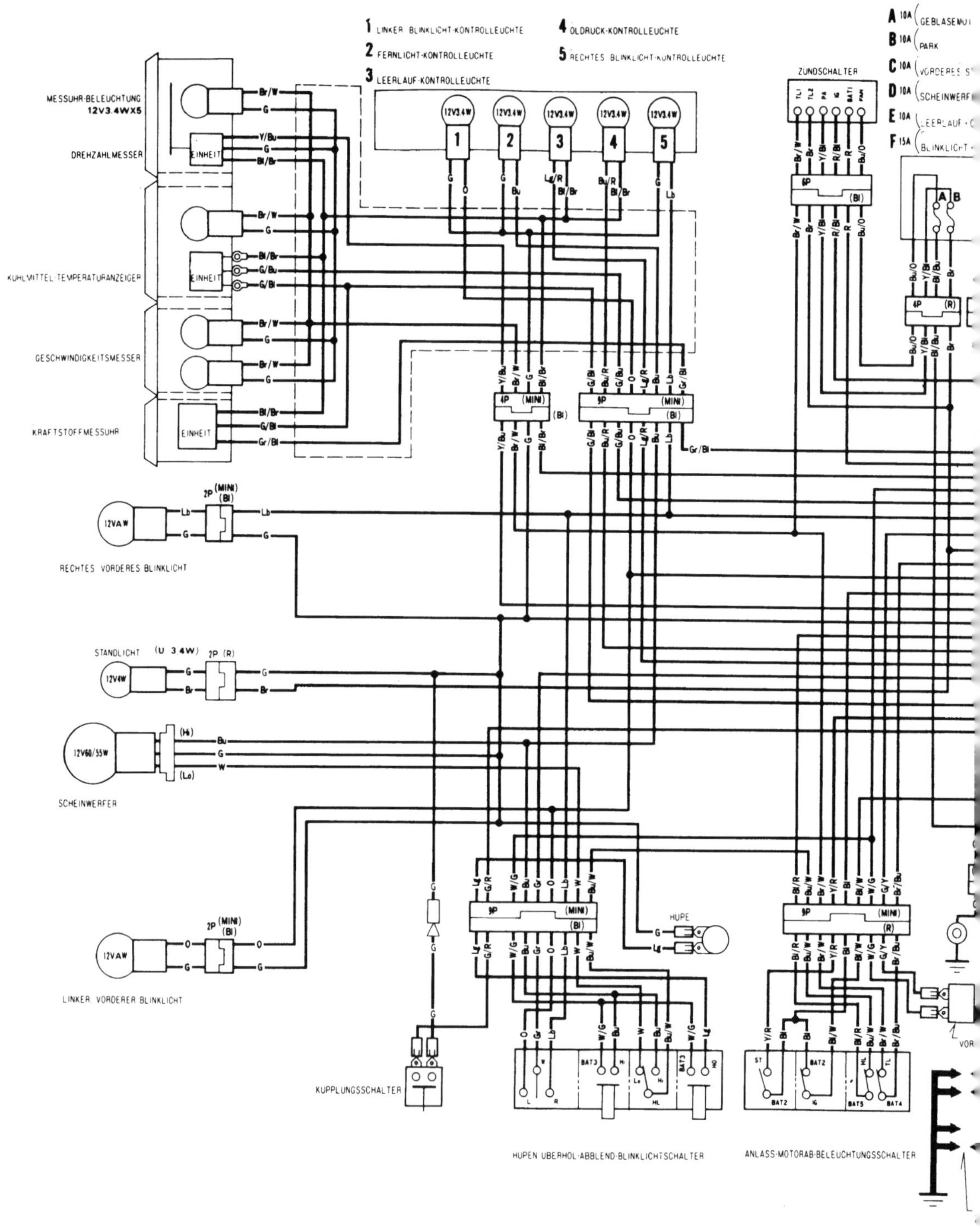

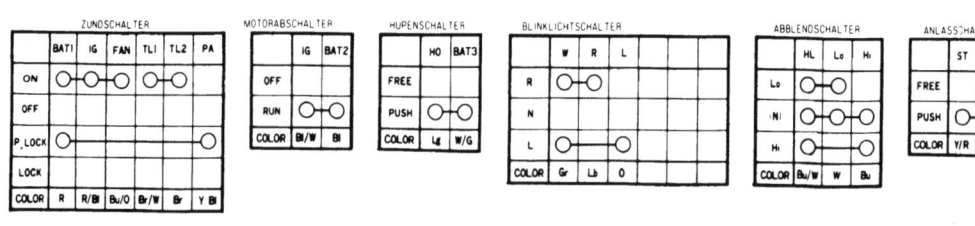

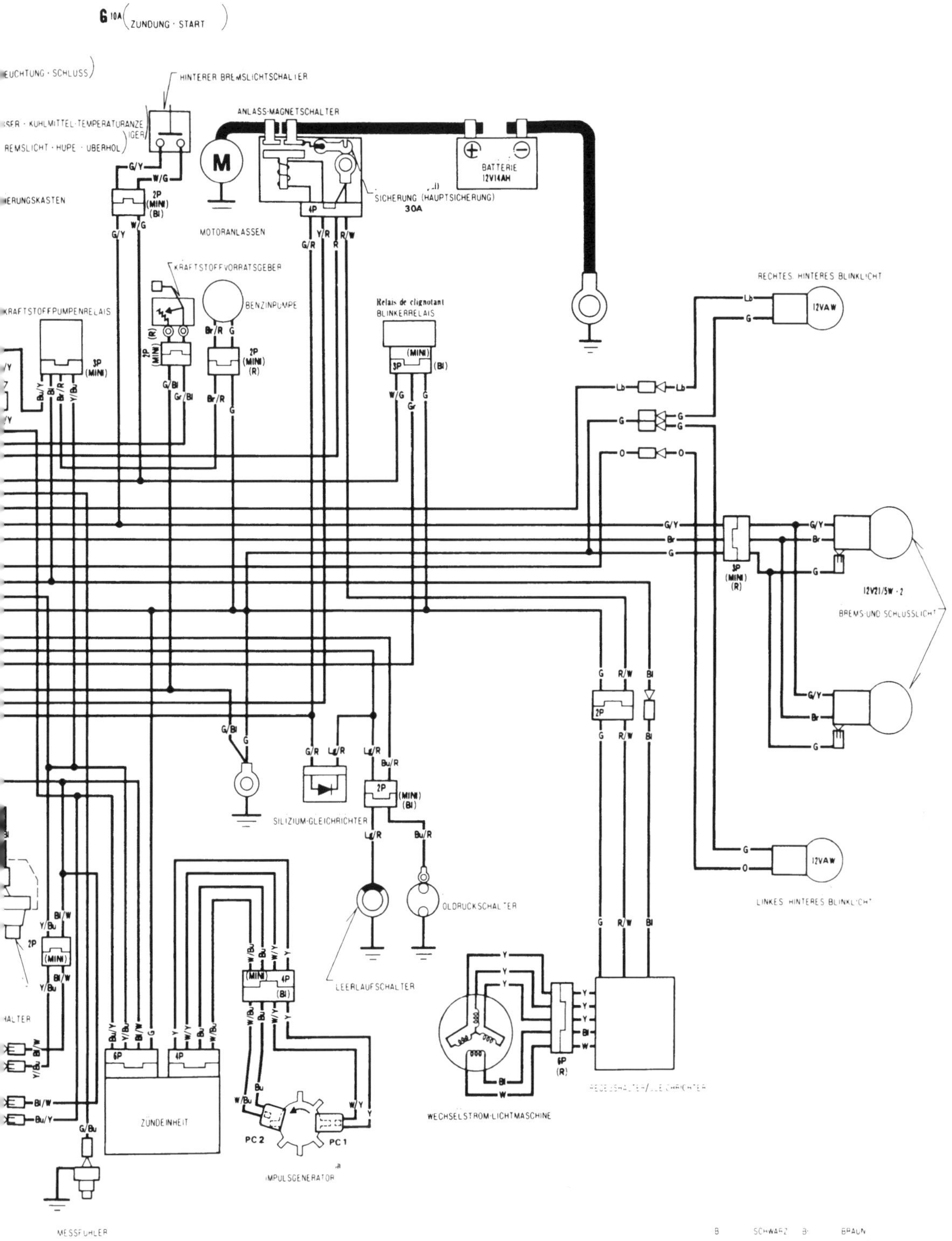


| | | | |
|---|---|---|---|
| B | SCHWARZ | Br | BRAUN |
| Y | GELB | O | ORANGE |
| Bu | BLAU | Lb | HELLBLAU |
| G | GRUN | Lg | HELLGRUN |
| R | ROT | P | ROSA |
| W | WEIß | Gr | GRAU |

LTER

| | BAT3 | Hi |
|---|---|---|
| | | |
| | O—O | |
| | W/G | Bu |

BELEUCHTUNGSSCHALTER

| | BAT4 | TL | BAT5 | HL |
|---|---|---|---|---|
| ● | | | | |
| P | O | O | | |
| H | O | O | O | O |
| COLOR | Br/Bu | Br/W | Bl/R | Bu/W |

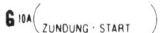

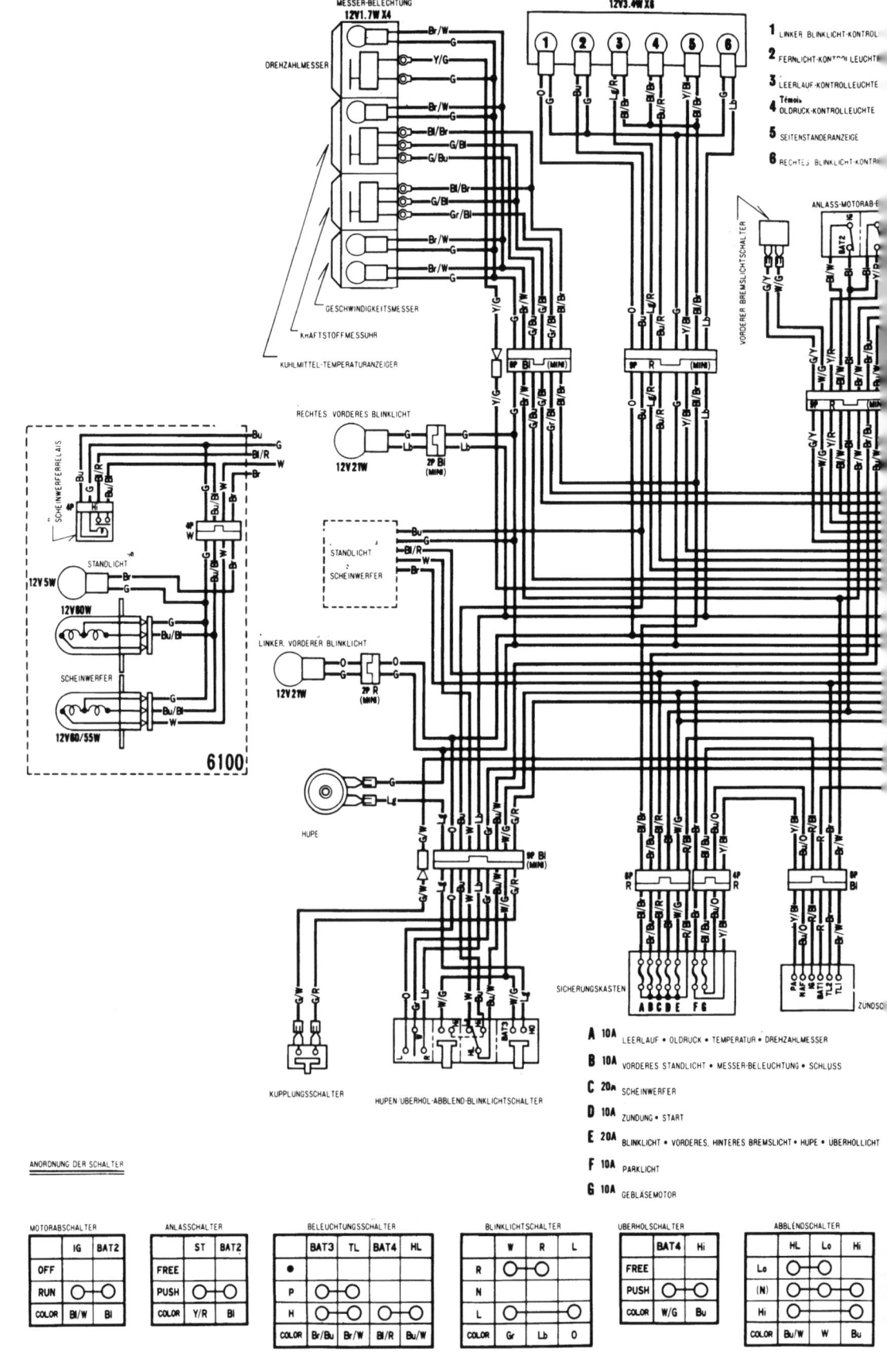

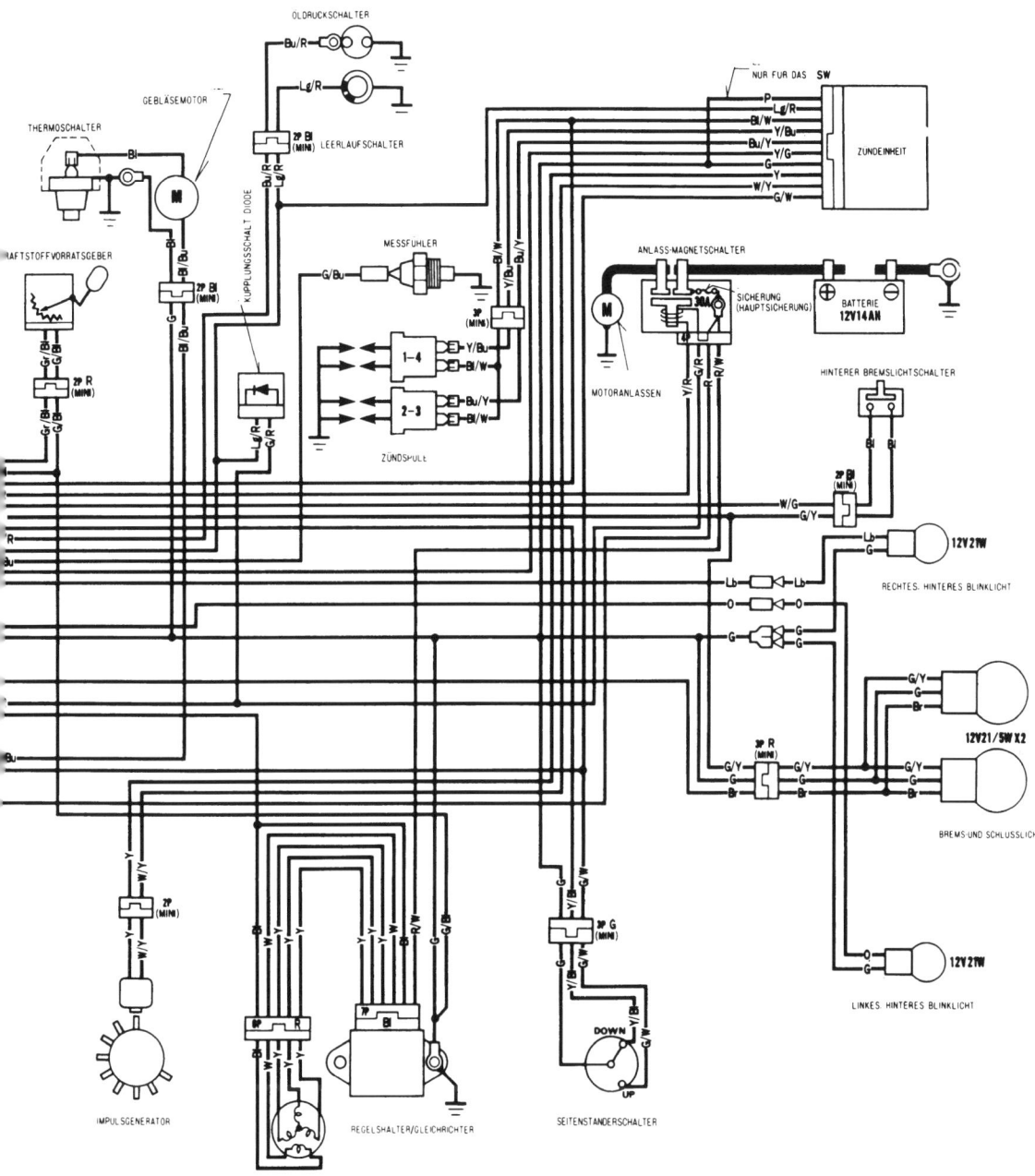

Zeitfracht Medien GmbH
Ferdinand-Jühlke-Straße 7,
99095 - DE, Erfurt
produktsicherheit@zeitfracht.de